水库大规模深水清淤技术研究

李蒲健　赵光竹　张　伟　周成龙　主　编

· 北京 ·

内 容 提 要

水库作为最重要的水资源调节设施之一，对于社会经济发展和民生保障有着不可或缺的作用。但随着时间的推移，水库淤泥和腐殖质等沉积物不断增多，淤积严重影响了水库的运行和水质状况，甚至会威胁到水库的安全运行。开展水库深水清淤装备技术的研究和应用，已经成为一个紧迫而重要的课题。本书总结了国内外水库深水清淤技术研究情况，并对各种清淤装备技术的原理及特点进行分析，结合我国水库深水清淤的需求及特点，对适用于水库的深水清淤船设计方法进行研究分析，同时对库区底泥和水面漂浮物环保处理进行介绍分析。

本书内容详实，图文并茂，可为广大相关行业从业人员提供有益参考。

图书在版编目（CIP）数据

水库大规模深水清淤技术研究 / 李蒲健等主编. --
北京 : 中国水利水电出版社, 2023.11
ISBN 978-7-5226-1961-3

Ⅰ. ①水… Ⅱ. ①李… Ⅲ. ①水库淤积－清淤－研究
Ⅳ. ①TV145

中国国家版本馆CIP数据核字(2023)第224605号

书　名	水库大规模深水清淤技术研究 SHUIKU DAGUIMO SHENSHUI QINGYU JISHU YANJIU
作　者	李蒲健　赵光竹　张　伟　周成龙　主编
出版发行	中国水利水电出版社 （北京市海淀区玉渊潭南路1号D座　100038） 网址：www.waterpub.com.cn E-mail：sales@mwr.gov.cn 电话：(010) 68545888（营销中心）
经　售	北京科水图书销售有限公司 电话：(010) 68545874、63202643 全国各地新华书店和相关出版物销售网点
排　版	中国水利水电出版社微机排版中心
印　刷	天津嘉恒印务有限公司
规　格	184mm×260mm　16开本　10.75印张　255千字
版　次	2023年11月第1版　2023年11月第1次印刷
定　价	**78.00**元

本书编委会

主　　编　李蒲健　赵光竹　张　伟　周成龙

副 主 编　夏建涛　鲁志峰　宋政昌　李　乐　权　锋

参　　编　高雄杰　郝　鑫　丁　宁　魏玉平　孙兴汉

任小亮　孙亚联　寇　盼　张扬洋　谢鹏程

吴世琴

编制单位　中国电建集团西北勘测设计研究院有限公司

中电建（西安）港航船舶科技有限公司

前　言

水是万物之源，水资源的利用、管理和保护，是人类社会可持续发展的重要内容之一。水库作为最重要的水资源调节设施之一，对社会经济发展和民生保障有着不可或缺的作用。随着时间的推移，水库淤泥和腐殖质等沉积物不断增多，淤积严重影响了水库的运行和水质状况，甚至会威胁到水库的安全运行。水库深水清淤不仅关系到水库安全运行，也关系到水资源的合理利用和环境保护，具有广泛的社会意义和科学意义。水库深水清淤是一项困难而又重要的工程技术，一直以来都是水利工程中的难点之一。因此，开展水库深水清淤技术的研究和应用，成为一个紧迫而重要的课题。

本书总结了国内外水库深水清淤技术研究情况，并对各种清淤装备技术的原理及特点进行分析。根据我国水库深水清淤的需求及特点，对适用于水库的深水清淤船设计方法进行介绍，旨在为后续水库清淤设备设计及选型等方面提供技术支撑和决策咨询。本书对水库深水清淤船的设计研究，不仅丰富了水库深水清淤的手段，同时对水库清淤施工过程中产生的淤泥和水面漂浮物处理分别进行了介绍，提出一种资源综合利用的可行性方法。

本书不仅对水利科学技术发展有着积极的推动作用，也为水利工程的发展和保护提出了新的思路和模式，加强了水利工程的高质量建设和可持续发展。本书不仅具有较高的实用价值，而且也具有较高的科研和技术参考价值。希望本书能够得到广泛的应用和推广，为水利工程发展和水资源管理提供更加有效的技术支撑和保障。

本书是中电建（西安）港航船舶科技有限公司在中国电力建设股份有限公司和中国电建集团西北勘测设计研究院有限公司支持下，由多位工程专家和技术人员联合编写而成。在本书撰写过程中，众多行业资深专家进行了全面细致审阅，并提出了许多建设性的宝贵意见，同时得到中国电建集团西北勘测设计研究院有限公司主管部门的帮助和指正，中国水利水电出版社对于本书的出版给予了大力支持，在此一并表示感谢！在本书撰写过程中，作者参阅了大量国内外相关文献和网络资源，在此向这些文献和资源的原创者致以诚挚的感谢！

由于作者水平有限，加之时间仓促，书中难免有不足、不妥之处，诚望广大读者和同行专家学者不吝赐教，批评指正，以便今后修改完善，在此深表感谢！

作者

2023年9月

目　录

第1章 概　　述

1.1 水库深水清淤的目的和意义

1.1.1 水库泥沙淤积现状

随着我国经济高速发展，城乡用水需求持续较快增长，水资源供应紧张问题日渐凸显。城市供水面临的基本现状是：供需矛盾激化，水资源已经成为制约经济社会发展最重要的因素之一。城市周边建设年代较早的水库，因水库泥沙淤积导致供水能力持续萎缩，且重要的大中城市周边已不具备开发建设新水库的地形地质等工程的必要条件，以往采用新建水库工程的方法无以为继，保证已建水库可持续利用，对保证水库设计供水能力至关重要。

我国是世界上水库数量最多的国家，《2021年全国水利发展统计公报》显示，我国已建成各类水库97036座，水库总库容9853亿 m^3。其中：大型水库805座，总库容7944亿 m^3；中型水库4174座，总库容1197亿 m^3。水库在提供清洁能源、维系区域生态平衡、保障供水和减轻洪涝灾害等方面发挥着重要作用。我国又是水库淤积最严重的国家，水库年均淤损率（淤积库容与水库总库容的比值）高达2.3%，每年因淤积而损失的库容约为100亿 m^3。水库功能性、安全性和综合效益降低已成为制约经济社会发展的瓶颈之一，因此，对于淤损水库应积极采取挽救措施清除库区部分泥沙，恢复部分淤损库容以延长水库的使用寿命，继续发挥水库的各项功能，更好地促进水库的可持续利用。

在河流上修建水库后水流流速减小，挟沙能力降低，泥沙就会在水库中淤积。据统计，我国七大江河的年输沙量高达23亿t，即使是含沙量只有0.54kg/m^3 的长江，年来沙量也有约5亿t。

目前，我国掌握的水库淤积基础数据和特征信息还不系统、不全面。据有关研究资料分析，我国水库的年均淤损率大于多数其他国家水库的年均淤损率，部分水库淤损率达30%以上。水利部在2012年对山西、陕西、贵州、江西4个典型省份的水库淤积情况进行了调查分析，结果表明：山西省水库总库容为47.65亿 m^3，淤损率为34%；陕西省水库总库容为40.43亿 m^3，淤损率为34%；江西省水库总库容为295.50亿 m^3，淤损库容约为8.93亿 m^3，淤损率为3%；贵州省水库总库容为25.40亿 m^3，淤积库容约为1.10亿 m^3，淤损率为4.3%。尽管贵州和江西两省淤损率不高，整体淤积不大，但淤积程度差异较大，仍有不少水库存在泥沙淤积问题。据统计，江西省有6376座水库存在淤积问题，贵州省有979座水库存在淤积问题，且有部分水库淤积严重，比如江西省塘背水库淤损率为58.9%，贵州省新桥水库淤损率达80.0%。总体来讲，不同流域水库淤积差异明显，山西、陕西两省地处黄河流域的水库整体淤积比较严重，而江西、贵州两省地处非黄河流域的水库淤积程度要轻得多。

水库泥沙持续不断淤积已经严重威胁到一些水库的设计功能，尤其以城市供水和蓄洪为主的综合利用水库，泥沙淤积导致水库有效库容消减，供水、防洪、发电等效益随之降低。水库防洪运用和供水安全问题日益突显，威胁人民生命生产安全，成为制约水资源综合利用和加剧水环境恶化的关键。因此，水库泥沙淤积问题亟待处理，以实现水库可持续利用、延长使用寿命，确保防洪运行、供水安全的目的。

1.1.2 水库淤积泥沙清理的经济性

对于水库泥沙淤积的处理，工程设计和排沙减淤科研工作多采用"拦、排、放、调、挖"的防治方法，但对于高含沙河流水库，淤积问题仍十分严重。多年来，水利水电工程领域的投资多侧重新建工程，但内地或城市周边已基本不具备建设水库条件，受工程条件制约，多数无加坝挖潜扩容条件。随着城乡水资源需求的不断增长，解决城市供水量增加的途径往往考虑跨流域调水工程或湖库连通等水资源调剂工程，这些工程建设周期长，投资巨大，对环境和生态影响大，能否建设也受制于水资源分布情况，并非所有地区都适宜。

对已建水库进行清淤维护是未来增加水资源供给的重要途径，蕴藏巨大市场潜力。据估算，我国因淤积而损失的库容累计已达200亿m^3，按照40%需要清淤计算，至少可形成4000亿～5000亿元市场规模。按照年清淤量1000万m^3计算，相当于新建一座中型水库，经济效率和社会效益显著。

通过对多座水库进行实地现场调研，地方水务部门及水库管理单位均对开展水库清淤工作态度十分积极，工作配合力度大，有着迫切的需求。全国范围内尚未开展大规模水库清淤工作，各大科研单位已开展系统清淤规划设计、专用清淤机械设备、清淤物综合利用系列技术研究和应用。

1.1.3 水库清淤装备研发的必要性

从目前国内水库淤积现状、水库大坝永续利用和水利水电工程建设管理现实与发展趋势来看，通过机械清淤来减少淤积，以达到水库可持续利用和延长其使用寿命的目的，是未来水源工程建设的一个必然趋势。国际上已经着手研究一套水库泥沙管理计划，并每年启动1～2项水库清淤示范项目，据此总结经验，应制定跨部门跨行业的技术导则，以推进水库可持续利用的管理，行业主管单位也在呼吁和积极推动已建水库开展清淤减淤工作。

水库深水机械清淤的研究成果和施工应用技术，也可应用于水电站工程尾水河道清淤。可以预见水库机械清淤未来有很好的应用前景和较为广阔的市场空间。在水电开发建设市场持续萎缩的现实情况下，水库及河道淤积是水利水电工程面对的重要问题，开展水库淤积清理相关技术、专用机械设备研究工作，进行前期技术储备，形成核心技术支撑体系，开拓后水电时代水库可持续运用管理的清淤市场，正当其时。

1.2 清淤技术发展现状

1.2.1 国内外研究概况

为解决水库本身难以利用自然力冲沙解决淤积问题的情况，国内外一些水库尝试使用机械进行清淤，主要机械有绞吸式清淤船、抓扬式清淤船、气力泵、气动式深水清淤机等。

国外深水水库的清淤设备种类较多，以清理细砂为主且规模较小，如用日本、荷兰冲吸式深水清淤船进行水库清淤，作业水深可达 80～100m，生产效率 120～150m^3/h，泥浆浓度 15%～20%，排距 700～4400m，由岸电驱动。

国内江苏气力泵清淤船最大清淤深度可达 150m，最大生产效率 600m^3/h。云南抚仙湖深水清淤，用以清除覆盖在目标物上的淤泥，最大作业水深 154m，排距 300m，完成工作量 250m^3。

水利部重点水利科技推广计划项目"气动式深水清淤机"，最大作业水深 120m，生产效率 500m^3/h。在三峡库区万州段进行深水清淤，作业水深 60～110m，淤积物为砂砾石，采用船舶外运出渣方式，累计完成清淤 63.862 万 m^3，生产效率 325m^3/h。在锦屏二级水电站进水口、尾水出口清淤，作业水深 8～28m，淤积物为细砂（含砂卵石），采用管道下游排放方式，完成清淤 2.8367 万 m^3。

目前的水库深水清淤设备具备小型化、易拆装、可模块化形成拼装作业平台施工，作业水深大等优点，但清淤量规模小，对于增加水库有效库容，清淤规模量级在百万、千万甚至上亿立方米的清淤目标来说，并不适用。水库机械清淤现有清淤船产能不高、清淤泥土处置不合理，使机械清淤局限在小规模、小范围内，尚不能开展大规模机械清淤工作。

20 世纪 90 年代以来，各国相继开展大规模化海上吹填工程，现代清淤船的设计制造也逐渐向大型化、高效化和智能化转型。近年来，在国内外大型填海造陆工程的带动下，挖泥设备的制造水平、生产规模及各种施工技术都有了较大提高，在清淤与吹填施工设备制造方面，我国已达到国际先进水平。

国内外中大型绞吸式清淤船作业水深可达 20m 以上，主要用于沿海港口、航道、内河清淤机陆域吹填，该类船舶船型深大、吃水深，受航道、水深、工程施工环境、运输条件限制，很难进入内河库区进行清淤作业。

1.2.2 国内水库清淤技术分析

我国在航道、港口和大规模的内河清淤工程较多，形成了一些相应的技术方法和机械设备。就水库清淤来说，20 世纪 90 年代，三峡大坝采用空气吸泥船进行水下基础清淤，挖泥深度超过 24m。2001 年，官厅水库采用环保绞吸船输挖淤泥，以满足北京市的应急供水。

水库清淤的特点是淤积量大、分布范围广、水深较大、施工对现有工程运行影响大。清淤机械设备以 80～500m^3/h 国产中小型绞吸船为主，生产能力不高，产能偏低，总清淤能力与清淤需求量不匹配。清淤船数量和种类很多，但普遍比较陈旧，技术水平相对落后。水库清淤设备能力较低，水库清淤设备亟待添置和更新改造。

近年来，清淤开始趋向环保型，环保清淤的关键设备研发与清淤精度控制技术有待进一步提高。清淤泥土的处置方式相对粗放，早期采用的抛泥堆放方式，土地浪费和环境破坏的附加成本很高，因此需要寻求新的、可行的方法来处理清淤泥土。

我国清淤企业经过近十年的飞速发展，设备能力和管理水平都有了较大的提升，但主要经营模式还停留在被动承接业务上，项目介入时机晚，培育市场的能力比较弱。开展水库清淤研究可以创造和开发市场，从而获得市场的话语权，提高市场占有率。

1.2.3 水库清淤现状分析

根据我国江河湖库的清淤疏浚发展历程，水库清淤疏浚现状如下：

（1）清淤工程规模偏小。大部分湖库的清淤规模小于 700 万 m^3，河道多年累积的清淤量也只有 1000 万～5000 万 m^3。总清淤能力与清淤需求量不匹配。据统计五大流域的年需清淤量为 2.72 亿 m^3，而现有设备的年清淤能力只有 2 亿 m^3，存在供不应求的现象。

（2）清淤设备能力较低。水利部门的清淤设备数量和种类很多，且多以 80 ～500m^3/h 国产中小型绞吸船为主，并存在设备陈旧、技术水平相对落后的问题，生产工作效率不高，清淤力度偏低，运行成本较高。

（3）清淤开始趋向环保型。一方面环保清淤的关键设备研发与清淤精度控制的技术相对落后，另一方面清淤泥土抛泥堆放的处置方式，造成土地浪费和环境破坏，附加成本很高。致使各地水污染事件频频显现，以清理内河湖泊内源污染为目的的环保清淤应运而生，并逐步推广。

近些年在国内外大型填海造陆工程的带动下，挖泥设备的制造水平、生产规模及各种施工技术都有了较大的改善和提高，我国清淤产业正面临难得的发展机遇，应当抓住有利时机，展开大规模清淤工程的研究，发挥机械清淤在水利减淤中的重要作用，满足经济社会和水利发展的要求。

1.2.4 水库清淤发展方向

基于全球机械清淤行业蓬勃发展的背景，未来我国的水库清淤也将走向大型化、环保化和资源化。

1. 清淤设备的大型化

20 世纪 90 年代以来，各国相继开展大规模海上清淤与吹填工程，主要代表工程有阿联酋迪拜港 Palm Islands 系列项目、新加坡 Jurong Island 工程和香港澳门国际机场建设工程等，最大工程量高达 24 亿 m^3。为满足日渐膨胀的清淤市场，现代清淤船的设计制造也逐渐趋向大型化、高效化和智能化。2005 年法国建成的“D’ARTACNAN”号超大型自航绞吸船总装机功率达 28200kW，2008—2011 年又建成 4 艘舱容 32000～46000m^3 的超大型耙吸船，这些巨型清淤船在挖掘操作、施工监控和安全管理等方面的性能都处于世界一流水平。

国内的清淤业也日新月异，市场份额已占据全球总额的 1/6。典型工程有：长江口深水航道整治工程，总清淤土方量约 3 亿 m^3；曹妃甸填海造陆工程，投入 $3000m^3/h$“天狮”绞吸船，日吹填量高达 8 万 m^3。同时，我国的清淤船建设也趋向大型化，中国港湾工程有限责任公司已拥有 20 艘舱容大于 $4500m^3$ 的耙吸船，投资 60 亿元的 $3500m^3/h$ 国产绞吸船建造项目也在进行中。现代清淤船生产能力和技术的快速发展，为大规模清淤工程的实施创造，极其有利的条件。

2. 清淤成本变化分析

随着市场化竞争越来越激烈，国内清淤单价也呈现下降趋势。虽然价格与工程环境实际情况有直接关系，但可以肯定的是，随着国内清淤船制造技术日趋完善，清淤成本有望继续降低，这将大大提升清淤船在水利清淤中的实用价值。

3. 环保清淤的兴起

环保清淤指采用清淤的方式清除并安全处理水体污染底泥，是目前最有效的水污染处理措施之一。我国已有不少环保清淤的成功实例，如江苏太湖、云南滇池和安徽巢湖的底泥清淤工程。环保清淤的未来发展趋势主要有四个方向：一是对传统清淤船进行改造，自主研发环保型铰刀头和防污屏等环保机械，防止挖泥过程中污染底泥扩散；二是在清淤船上配置先进的定位和监控仪器，如全球定位仪、污染监视仪等，提高疏挖精度，减少漏挖与超挖；三是对输排系统进行改造，减少输泥过程中的泄漏，避免对环境产生二次污染；四是清淤的同时兼顾修复水生生态系统形成环保清淤模式转型。作为一种环境友好型的清淤方法，环保清淤值得更大范围、更大规模地推行。

4. 清淤泥沙的资源化处理

在清淤工程中，数量庞大的泥土处理问题十分关键，涉及土地利用和环境保护等方面。早期采用的简单抛泥堆放方法存在较大弊端，实际上水库清淤泥沙不单是影响库容和破坏环境的有害物质，也是一种资源，应合理利用。

未来清淤出来的泥沙的资源化处理大致分三类：一是工程用途，用于港湾、机场和住宅等的基础建设；二是农业和林业用途，当作肥料用于农田菜地和城市绿化；三是建筑用途，用于烧制黏土陶粒和瓷质砖，或配置混凝土等。其中，建筑用途的市场需求空间很大，如长江中下游粒径 0.1～0.2mm 的粗砂已成为长期规划开采的砂料资源，批准的合法年度采砂量为 5300 万 t，采砂平均利润高于 6 元/t。清淤泥沙的资源化处理既解决大量泥沙的堆放问题，避免占用土地资源和破坏生态环境，又实现清淤泥沙的资源价值，降低清淤泥沙成本，社会经济效益显著。从这个意义上看，清淤泥沙的资源化处理将促进清淤工程的大规模化进程，提升其在水库清淤建设中的应用比重。

第2章　清淤装备技术研究

2.1　清淤装备现状分析

清淤行业是利用各类清淤设备（清淤船）及其配套工具对近岸海底、江河湖库进行清淤，以形成港池与航道、吹填形成陆地、清淤防洪、改善水环境为目的的水上工程行业。清淤行业在国民经济、社会进步、国土安全和环境保护中占有重要的地位。清淤行业一般需要船舶设备研究、设计、制造和勘察设计行业为支撑。

2.1.1　深水清淤的必要性

从分布地区来看，全国水库泥沙淤积主要集中在黄河中游水土流失地区，以山西和陕西两省最为严重。在海河流域，永定河官厅水库以上的275座水库的淤积总量已达到3.91亿 m^3，占总库容14.03亿 m^3 的27.87%。黄河三门峡水库在蓄清排浑以前，累计淤积55.18亿 m^3，占总库容的57.24%。1956—1985年，官厅水库共淤积6.12亿 m^3，占总库容的26.96%。有些中小水库泥沙淤积比这些大水库更为严重。

《2022年三峡工程公报》显示，2022年三峡入库悬移质输沙量为0.136亿t，出库（黄陵庙站）悬移质泥沙量为0.026亿t，不考虑三峡库区区间来沙，水库淤积量为0.110亿t，水库排沙比为19.3%。三峡水库蓄水以来，三峡水库累积淤积量为20.593亿t，年均淤积量为1.052亿t，水库排沙比为23.6%。表2-1为不同时期三峡水库年均入出库泥沙量与水库淤积量。

表2-1　　不同时期三峡水库年均入出库泥沙量与水库淤积量

时　段	年均沙量值/亿t			排沙比/%
	入库	出库	淤积量	
2003年6月—2006年8月	2.155	0.797	1.358	37.0
2006年9月—2008年9月	2.129	0.399	1.729	18.8
2008年10月—2013年4月	1.655	0.266	1.389	16.1
2013年5月—2022年12月	0.819	0.177	0.642	21.6
2003年6月—2022年12月	1.375	0.324	1.052	23.6

由此可见，我国江河湖库的泥沙淤积是非常严重的。据初步统计，我国江河湖库的年淤积量已达11亿 m^3，仅长江、黄河、淮河、辽河及海河五大流域主要河湖的年均淤积量就达3亿 m^3 以上。此外，随着经济的发展，工农业及生活用水急剧增加，河道淤积将进一步加重。这表明，在今后较长一段时间内，江河湖库的泥沙淤积也将持续下去，防洪形

势也会更趋严峻。因此，在这种形势下，除了依靠拦、排、放、调等水力排沙措施之外，要改善河流目前的状况，发挥其应有作用，必须依赖清淤治理工程，才能减轻江河湖库的泥沙淤积和防洪压力。

2.1.2 行业社会环境分析

作为国家防洪减灾体系的重要基础、水生态系统恢复与维护的重要途径及土地资源的重要来源，水利清淤业应发挥其在水利工作的应有作用，已引起国家和政府相关部门的高度重视。根据2021年12月27日国家发展和改革委令第49号修订的《产业结构调整指导目录（2019本）》中，江河湖库清淤也已被列为水利行业结构调整中鼓励类的发展方向和重点。2022年中央财经委员会第十一次会议对全面加强水利基础设施建设作出系统部署，国务院常务会议多次专题研究加快水利基础设施建设工作，水利基础设施建设迎来前所未有的历史机遇；党中央、国务院对国家水网的布局、结构、功能和系统集成作出了顶层设计；中共中央办公厅、国务院办公厅印发《关于加强新时代水土保持工作的意见》，对今后一个时期水土保持工作作出了全面部署；《中华人民共和国黄河保护法》颁布，为统筹推进黄河流域生态保护和高质量发展提供了法治保障。水利清淤业再一次面临着良好的发展机遇。

2.1.3 清淤装备技术分析

水库所在流域不同、类型不同、淤积物不同，均对清淤装备提出了不同的要求，主要表现在作业水深、清除淤积物能力等方面。

为解决库区淤积问题，国内部分水库利用装备进行清淤，主要装备有机械式清淤船、水力式清淤船、虹吸式/萨克斯管形槽孔式清淤船、潜水泥泵绞吸清淤船/DOP泵/射流冲吸式船、气力泵式清淤船等。不同清淤装备比较见表2-2。

表2-2　　不同清淤装备比较一览表

清淤装备	泥浆浓度/%	最大挖深/m	吸排砾石杂物能力或粒径/mm
机械式清淤船	≤100	50	能
水力式清淤船	10～30	45	<50mm
虹吸式/萨克斯管形槽孔式清淤船	10～15	10	不能
潜水泥泵绞吸清淤船/DOP泵/射流冲吸式船	15～20	一般在10m左右，达门350型潜水泥泵清淤船最大挖深为55m	不能
气力泵式清淤船	60～75	200	<60mm

机械式清淤船的最大优点是清除杂物能力强、效率高，但操作深度有一定的限制，中交上海航道局有限公司的“航扬1301”总装机功率1329.78kW，最大挖深50m，在目前国内该类船中挖深最大。

水力式清淤船作业水深也有一定的限制，对于黏土、沙土有较好的清除能力，但不能清除块石、砾卵石等杂物。目前国内挖深最大的是中交上海航道局有限公司的自航耙吸式清淤船“新海豹”，总装机功率19528kW，最大挖深45.0m。

气力泵系统的最大优点是作业水深大，对于淤泥、沙土具有较好的清除能力，加装铰刀后也可用于清除黏土，但不适应于清除石块、卵砾石等。

理论上讲，在满足作业水深的前提下，各类清淤船均可应用于库区清淤。然而，国内的清淤船作业水深在20m以上的数量较少且大多属于交通系统，主要用于沿海港口、航道的清淤及陆域吹填，同时由于这些船舶船型大、吃水深，受航道、水深、地理环境等多方面的制约，一般难以进入水库库区作业。而且，对于挖深超过50m的清淤作业上述清淤船无能为力。如三峡蓄水高程达到175m后，其坝前水深超过100m；建于20世纪40年代的小丰满水库，坝前水深70m，淤积厚度达20m。

虽然气力泵作业水深可达200m，但其只能清淤粒径不大于进泥阀直径1/3的物料（<60mm），而对于卵砾石、块石、轮胎等还无有效手段。

为解决库区清淤，各地水利部门先后采取了一些清淤手段并研制了一些清淤设备，但大多为短期应急措施，还不能形成有效的定型产品。特别是对于水深在20m以上的深型水库的清淤机械（船），尚处于空白，而且对于水深更大、成分复杂、块径偏大的淤积物目前更无有效手段。

随着大型吹填工程数量的增多以及砂源的日益紧张，深水取砂技术日显重要，随着海洋石油、天然气开采逐步向深水发展，以及适应深水隧道的施工要求，深水挖槽与填埋施工技术及装备也急需研究解决。

2.2 绞吸式清淤技术

绞吸式清淤船结构如图2-1所示。铰刀头切削水下淤泥、砂砾及岩石等介质，在铰刀头的旋转运动作用下形成固液两相混合物，进而在舱内泵的抽吸作用下途经绞吸管道输送至舱内泵，最终途经排泥管输送到预定地点排放与处理。绞吸式清淤船的类型、尺寸及

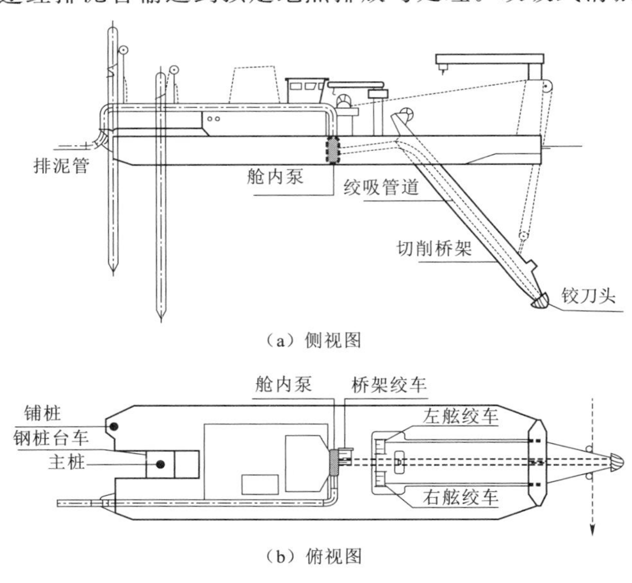

图2-1 绞吸式清淤船结构图

功率范围有多种，铰刀头功率从 20kW 到 8500kW 不等，最大挖深可达 45m，最小挖深通常由浮箱的吃水决定。绞吸式清淤船生产能力不仅受切削功率、横移功率和水流速度的影响，也取决于铰刀头的直径。在切削工况准许的情况下，增大切削厚度、步幅尺寸及铰刀头尺寸可提高产量。

我国许多湖库分布在城市周围，受环境工况及运输条件等限制，小型绞吸式清淤船较为适合。同时，这些湖库多为饮用水水源地，且底泥中多含有一定程度的污染物，因此对其清淤时要求有较高的控制精度，以免清淤过程中造成底泥扩散影响水质。基于此，环保绞吸清淤船应运而生。其在普通绞吸式清淤船的基础上增加了环保铰刀头、产量计、浊度计、高精度导航定位系统、多功能数据采集控制器及挖深指示仪等设备，使得系统定位精度和挖深精度大幅提高，可减少超挖清淤工程量。环保铰刀头具有导泥挡板、铰刀防护罩、铰刀水平调节器，可使铰刀切削轮廓始终与清淤底泥贴平，被切削的底泥在铰刀防护罩内扰动，既可提高泥泵吸入的混合物含泥量，提高清淤效率，又可减少底泥挖掘过程中的扩散，避免二次污染。此外，采用管道输送串联接力泵船加压技术，可实现底泥的全封闭、远距离、无堵塞稳定输送，同时可避免底泥在输送过程中泄漏所造成的二次污染。

2.2.1 环保清淤刀具工作原理

绞吸式清淤船的“绞”是靠安装在铰刀架前端的铰刀转动实现的。铰刀一般由轴毂、刀圈、刀片和刀齿四部分组成。图 2-2 为工程清淤用的一种闭式铰刀，右侧为尖形刀齿的形状。

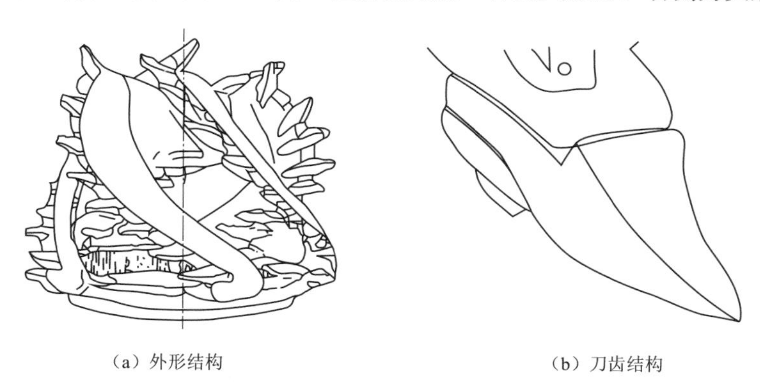

(a) 外形结构　　(b) 刀齿结构

图 2-2　工程清淤用闭式铰刀

无论是工程清淤用铰刀，还是环保清淤用铰刀，其工作原理基本相同。即铰刀在进入工作状态后，一边在驱动装置的驱动下旋转，一边在横移绞车的牵引下横向移动，从而使移动方向一侧的刀齿与泥层立面以一定的压力进行接触，于是刀齿逐层将泥土切下并破碎。整个切削过程可分为两个阶段。

1. 铰刀的下放

当绞吸式清淤船在所有作业准备工作完成后，放下铰刀架至水底待挖泥面，启动铰刀驱动装置，通过传动轴，驱动装置带动铰刀进入旋转状态，此时铰刀并未开始切泥。

进一步下放铰刀架深度，在铰刀架及铰刀重量的作用下，铰刀逐渐深入泥土，同时，旋转中的铰刀由下部刀齿开始切削泥土。随着铰刀深度的不断增加，与泥土接触面积加大，进入切削的刀齿数量逐渐增加，铰刀受力加大。扭矩与功率上升，直至达到预定的铰刀一次挖掘泥层的深度为止，结束铰刀下放过程。

2. 铰刀的横移

铰刀下放深度到位后，将其保持一定的旋转速度，启动左或右横移绞车，进行收缆，铰刀便在横移绞车的作用下横向移动并逐层切削泥土。

由于铰刀下放深度固定，铰刀在横向力的拖动下向左或右运动，刀刃借横向拉力切进泥土，同时，在旋转扭矩的作用下，将泥土逐层切下。铰刀旋转一周，每个刀片切下的泥层厚度称为切削宽度。显然，横移速度越快，切削宽度越大，铰刀刀刃受力也越大，需要的功率越大。当铰刀横移至挖宽一侧时，保持铰刀旋转，下放铰刀架和铰刀至又一个挖掘深度（与铰刀的下放过程相同），到位后，横移绞车开始反向拖动铰刀架和铰刀向另一侧回挖，如此左右来回向下挖掘，直到挖掘深度达到规定的要求为止。

在横移挖掘过程中，铰刀每次下放的深度对铰刀的挖掘状态有很大影响。若下放深度太浅，铰刀功率发挥不出来，铰刀“变轻”，在遇到硬质土层时，铰刀的转向与横移方向相同时，会发生“滚刀”现象；若铰刀过深，在挖掘硬质土时，铰刀有可能超负荷，即铰刀“变重”，为避免铰刀超负荷，必须减小切削厚度；另外，由于水底泥面高低不平，若绞刀挖至某一凸起处，可能会形成泥土的塌方，将铰刀压埋在泥土中，导致铰刀的严重超负荷。因此，操作中应合理确定铰刀的下放深度。

2.2.2 潜水绞吸机

潜水绞吸机的关键设备是液压动力单元和潜水清淤作业单元，主要应用于港口、河道、湖泊、水库、近海、基坑、遮蔽区域，主要功能有：矿石开采、近海采砂；港口、湖泊、河道清淤与维护；卸泥驳清理；污染物清理；钢板桩清洁。

绞吸机应用方式有硬连接和软连接两种。硬连接安装于挖掘机、小型清淤船、简易浮箱上进行内河、水库、湖泊等稍硬地质的切削等清淤工作。软连接是用 A 形架连接进行水深比较深的清淤，如水库、近海、深水湖泊等水下 30m 以下的清淤工作。绞吸机清淤头类型如图 2-3 所示。

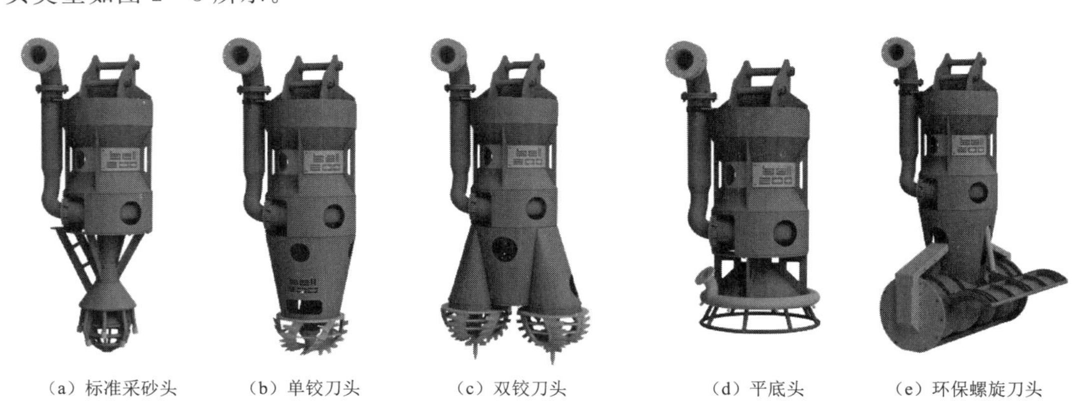

（a）标准采砂头　（b）单铰刀头　（c）双铰刀头　（d）平底头　（e）环保螺旋刀头

图 2-3　绞吸机清淤头类型

各种类型绞吸机清淤头对比见表 2-3。

表 2-3　各种类型绞吸机清淤头对比

类　型	连接方式	特　　点
标准采砂头	A形吊架悬挂软连接	1. 射水管+喷嘴； 2. 最深可达 100m，两侧加铰刀，可边绞边吸砂或淤泥
单铰刀头	硬连接于挖机或刀架	1. 独立液压动力铰刀头； 2. 用于移除板结砂
双铰刀头	软连接于A形架或履带吊	1. 独立液压动力双铰刀头； 2. 用于基坑或类似基坑项目的处理
平底头	硬连接使用或A形架悬挂	1. 用于接驳船吸砂或清理淤泥； 2. 可在狭窄空间内平整底部轮廓
环保螺旋刀头	硬连接于吊臂或刀架上	1. 环保，避免二次污染浊度最小（接近于零）的精准清淤； 2. 清淤污染的沉积物

2.3　气力泵清淤技术

2.3.1　国外气力泵清淤机械研究

气力泵是利用压缩空气作为动力的一种泵，是不同于常用的离心泵范畴的正排量泵。最早的气力泵由意大利劲马公司于 20 世纪 60 年代研制。

早期的气力泵系统受到当时空压机本身效率低等方面的影响，输泥距离较短，效率也不高。意大利劲马公司在空压机选择、输泥管线材质、气力泵吸头类型等方面开展了多年研究，克服了各方面的缺点，尤其是冲破正排量泵只能是压力大、流量小的传统观念，使该系统在高效率、大排量、长排距与低消耗上取得了显著的进步。气力泵广泛应用于港口航道的清淤、水库清淤、深海挖沟、滩地回填、矿物输送等各种场合。又由于气力泵系统独特的优点，成为环保清淤的优选机具。

气力泵既可单独使用，也可安装在船上使用，利用气力泵进行清淤的船舶称为气力泵清淤船。气力泵主要由泵体、空气压缩机、空气分配器和管路等组成。气力泵工作原理如图 2-4 所示。

应用气力泵的国家主要是意大利和日本。意大利将气力泵编制成系列，批量生产和出口，并建造了许多气力泵清淤船，为世界很多地区承包清淤工程。日本于 20 世纪 70 年代相继建造了十余艘气力泵清淤船，成功地进行了多项环保清淤工程，取得了很好的效果。

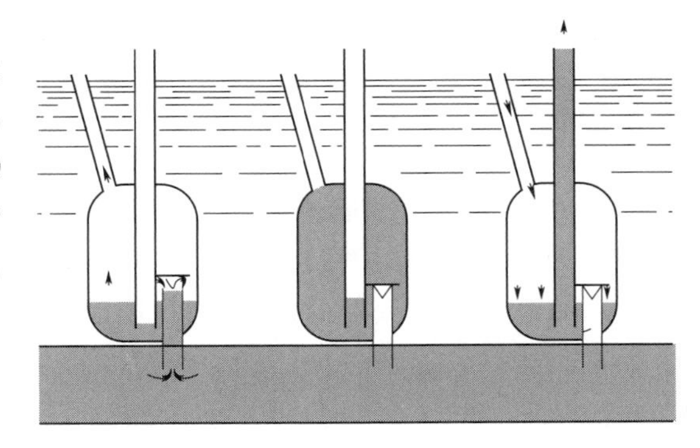

图 2-4　气力泵工作原理

2.3.2　国内气力泵清淤机械研究

我国关于气力泵的研究始于 20 世纪

70 年代末 80 年代初，由当时的中国船舶集团有限公司第九设计研究院与甘肃省电力工业局锅盐峡水电厂、兰州电力修造厂三方进行气力泵清淤装置的科研项目，并成功地在甘肃兰州盐锅峡水电站进行试验。我国研制成功的气力泵在吸口处配备了潜水铰刀头，能对密实硬质砂进行清淤。

1997 年，水利部江阴水利局从意大利引进了气力泵技术，其引进的设备为 30/5 型劲马工程清淤泵，生产效率为 $40m^3/h$。该设备的缺点是作业深度不够，不能进行大规模深水清淤。经过几年的消化、吸收与创新，江阴市水利部门先后研制成功了 SJS80 型、180 型、600 型系列气力泵，其中 180 型气力泵每小时可清淤 $180m^3$，600 型气力泵更是达到了 $600m^3h$。目前，改进后的 SJS 系列气力泵已形成了独立的自主知识产权，申请并获得批准了清淤泵、空气分配器等两项国家专利。其中 180 型气力泵在大连、海南、上海、南京、重庆等地投入实际生产试验后，较好地完成了各项技术指标。

在对意大利气力泵的消化吸收中，有关部门主要作了如下技术研究与改进：

（1）增设粉碎刀头。由于国内河流湖泊的底泥中，除淤泥外含有大量的生活垃圾，如塑料袋、编织物等，有些底泥中还长有水草和水生植物的根茎，为使气力泵的应用范围适合我国水土的具体情况，在气力泵进泥口前安装一套粉碎铰刀。气力泵工作时，底泥先经过粉碎铰刀的粉碎后再进入气力泵，从而改善了气力泵的适应性。

（2）将空气分配器的控制形式由机械式改为液压式。液压控制的配气机构，其运动件由旋转副变为滑动副，液压耗能小，并可将其安装在泵体上，缩短了高压空气管路，减少了空气的消耗。

（3）增加一套液压动力装置。专门向空气分配器、粉碎铰刀提供液压动力，并可实现无级调速。

（4）改进了出泥阀和阀座，降低其出泥阻力，延长了有效使用期。

对 SJS180 型气力泵的实际清淤试验表明，该型气力泵质量可靠、挖深大（清淤深度 0.5～22m，清淤深度最大可达 200m）、浓度高（50％～90％排放浓度）、污染小、机械磨损少、零配件供应方便、维护方便、价格低。其技术已达到国际同类产品先进水平，适用于水库、湖泊及河道的清淤和环保清淤，应用前景十分广阔。

由原中国船舶工业总公司研制的螺旋铰刀式清淤装置于 1999 年取得了国家专利。该项技术是一套集成技术，而非单一的刀具，由电机、减速箱、螺旋输送机和螺旋铰刀等四部分构成。该装置具有结构紧凑、重量轻、安全可靠等优点，适用于水道狭窄、水域河床复杂、水位较浅的江河、湖泊和近海中污泥的清淤，可防止所清淤的污泥对水域产生二次污染。

2001 年年底，天津航道勘察设计研究院研制出了一种新型环保清淤铰刀并取得专利。该刀具由刀齿、铰刀小圈及轴毂、铰刀大圈组成。工作时，在清淤船左右横移缆索的作用下摆动，以达到疏挖底泥的作用。它具有尺寸小、制造成本低、工作效率高的特点。

目前在国内，上述各项环保型清淤机械与装置在结构、原理、技术上基本成型，并已通过试验验收。气力泵是在意大利成熟产品基础上进行部分技术改进，应该说实际应用是可行的，但国产化和改进后其装置的综合可靠性还有待进一步的验证。

2.3.3 气力泵组成

气力泵结构比较简单，主要有泵体、空气分配器、空压机、空气管、排料管、吸头和排泥管等 7 部分。

1. 泵体

气力泵系统的泵体一般有 3 个泥浆缸，泥浆缸为耐高压的金属结构体，用于储存吸入泥浆以及容纳压缩空气。缸体除进气阀门、排泥阀门和进、排气阀门外，无任何可活动部件。3 个泥浆缸一般为“品”字形排列，也可根据工程需要“一”字形排列。

2. 空气分配器

空气分配器用于分配压缩空气依次进入泥浆缸及排放压缩空气。空气分配器可以放在船上，也可与泵体安装在一起置于水中。后一种方式用于水深较大的场合，以减少空气分配器至泵体间管道中压缩空气的损失。

3. 空压机

空压机是向泵体提供高压压缩空气的动力源，其配置数量、供气压力和供气量由泵体大小、排距远近等决定。

4. 空气管

空气管是连接空压机、空气分配器与泥浆缸的管道，为柔性的橡胶管。

5. 排料管

排料管由泥浆缸接出，为泥浆的输送管道。

6. 吸头

为适应吸入各种清淤物和施工场合，气力泵系统配备有各种类型的吸头。为加大吸头的破土能力，国产气力泵在吸头处配备潜水铰刀头。

7. 排泥管

排泥管与排料管相接，是气力泵清淤船以外的排泥管系。目前，气力泵系统的排泥管采用高密度聚乙烯管材。

2.3.4 气力泵工作原理与系统特性

1. 工作原理

气力泵在本质上属于正排量泵，它是以压缩空气作为活塞的活塞泵。但它又不同于活塞泵，它不是由活塞在气缸内的往复运动吸排输送物而是依靠高压空气（“活塞”）排出输送物。气力泵工作时可以分解为三个步骤。

（1）排气吸泥。泵体置于水底泥面上，排料管与大气相通，泥浆缸内压力为大气压，泵体外的泥浆在静水压力的作用下被挤进泥浆缸，当泥浆缸内充满泥浆后，进泥阀由于自重自行关闭。

（2）进气排泥。由空压机产生压缩空气经分配器分配进入泥浆缸，起到活塞的作用，将泥浆缸内的泥浆排出泵体，进入输送管道。

（3）排气恢复。当泥浆缸内的泥浆即将排完时，分配器使泵体内的压缩空气排出，并恢复到与大气相通的状态，即可继续进行下一循环的运转。一台气力泵通常有 3 个泥浆缸。分配器轮番地对 3 个泥浆缸的各种阀门进行调节控制使整个系统“脉冲式”地连续工作。

底泥通过清淤管道输送至岸上后，经过预处理过滤除渣、催化剂改性反应、压滤机脱水固化后，可形成 45～65mm 厚的硬质泥饼，可作为烧制陶泥和生态砖的原材料。该技术适用于环保要求严、清淤深度大、泥浆含水率高的湖库清淤项目，可有效降低湖库内源污染，推动清淤底泥的减量化、稳定化和资源化。

2. 系统特性

(1) 流量。气力泵的工作在总体上可分成吸入与排出两部分，这两部分所依靠的动力不同，所以它们之间某些特征量并不完全一致。例如气力泵瞬时的吸入流量与排出流量不相同，其在时间上会出现不同的周期特征。

在吸入过程中，每个泥浆缸的吸入流量取决于吸口的直径和吸入流速，上一个吸入过程与下一个吸入过程之间是间断的，吸入过程之间的时间间隔基本上是相同的。在排出过程中，进入排泥管路的泥浆量由 3 个缸体轮流提供，在泥浆缸轮流排泥时排泥管内的流量存在一个“脉冲”现象，这个“脉冲”特征可由空气分配器精密控制，以尽量使排泥管内的流量稳定并能始终充满泥浆，而不产生断流现象。气力泵排泥管内流量的“脉冲”现象如图 2-5 所示。

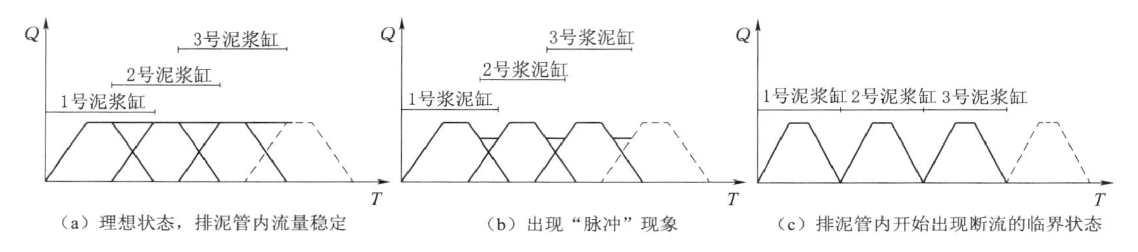

(a) 理想状态，排泥管内流量稳定　(b) 出现“脉冲”现象　(c) 排泥管内开始出现断流的临界状态

图 2-5　气力泵排泥管内流量的“脉冲”现象

(2) 功率。气力泵输送功率只反映在排出功能上。由空压机产生的高压空气用于将泥浆缸内的泥浆排出并经排泥管线输送。在排高有限的情况下，用于克服管道输送中的阻力消耗是能量消耗的主要方面。因此，气力泵的输出功率与其他类型泵是一样的，排距越长，克服阻力越大，需消耗的功率越大。但气力泵的排出功率与排距之间呈线性关系，而离心泵成非线性的关系。

(3) 排出压力。气力泵的排出压力是由空压机提供的，其压力值应满足泥浆输送的各方面需要，排出压力可表示成

$$P=\frac{H}{10}\gamma_{m}+\sum\xi\frac{v^{2}}{2g}\frac{\gamma_{m}}{10}+\lambda\frac{L}{d}\frac{v^{2}}{2g}\frac{\gamma_{m}}{10} \tag{2-1}$$

式中　γ_{m}——泥浆比重；

H——水深加水面以上至排泥管出口高度；

v——排泥管内泥浆流速；

$\sum\xi$——局部摩阻系数之和；

λ——沿程摩阻系数；

L——排泥管当量长度；

g——重力加速度；

d——排泥管内径。

气力泵输送时存在一个最大排出压力界限（此界限也称额定排出压力，产品技术文件中应提供），一般不得超过此界限。

气力泵可降压使用，不会产生超负荷现象，这时也不会发生因此而产生的机件损坏情况。因而同一台气力泵在不同装置中可以是高压的，也可以是低压的，可根据输送的介质及其他要求来确定。

3. 系统特点

（1）泥浆浓度高。采用气力泵清淤淤泥、砂等较松散的物质，可获得高的泥浆浓度，一般泥浆浓度可达40%以上，最高可达95%。这是除容积式挖掘机具以外的清淤泵（如离心泵）无法达到的。挖掘与输送的泥浆浓度高，处理吹填余水的工作量也相应减轻。特别是对于污染土的清淤，经济效益更大。高浓度的泥浆输送使应用更小管径的排泥管成为可能，从而在很大程度上降低了基建投资。

（2）挖深大。气力泵的泥浆吸入是依靠静水压差的作用，所以挖深越大，效果越好。泵体靠钢缆悬吊时，可下放至足够的深度（而不像铰刀头或耙头那样受到铰刀架与耙臂下放深度的限制）。目前气力泵最大挖深已达到200m，比耙吸式清淤船的最大挖深大得多。

（3）排距远。气力泵依靠压缩空气作为排送泥浆的动力，在高压空气的推动下，泥浆在摩阻小的管道中可排送相当大的距离，在不需要增压泵的情况下单组气力泵可排送泥浆至11km。

（4）无挖掘引起的泥浆悬浮。气力泵在吸泥作业时吸头移动速度很小，吸入泥浆时，不产生对吸头处泥沙的搅动，不会因此而引起细颗粒物质的悬浮，因此气力泵是清除污染物的最理想的清淤机具。

（5）可控制到很小的吸泥厚度。清污过程中，可灵活操作气力泵的吸头，使吸入泥层厚度控制在10cm范围内，此特点完全符合环保清污的作业要求。

（6）磨损小、维修少、寿命长。气力泵的挖掘头无运动部件，磨损小、维修小、使用寿命长，管道输送采用的高密度聚乙烯管耐磨损，可长时期使用，不需要更换或翻管。

（7）可长时间连续工作。气力泵可长时间连续工作，最多可每天连续工作24h。

（8）适用性强。目前已有各种规格的气力泵数十种，并可按照分配器、吸头等型式不同形成系列产品，具有广泛的适用性。

综合以上特点，气力泵系统是一种效率高，适用范围广，经济性强，结构简单，使用方便的清淤机具，并且是环保清淤机具中的最佳选择对象。

2.3.5 气力泵疏浚方式

使用气力泵疏浚作业时，可根据泵体的支持形式采用吊吸式、拖（推）吸式、扫吸式和定吸式等吸泥方式。

1. 吊吸式

泵体由钢缆悬挂在水下，工作时，放松吊索，使吸泥头在吸泥的同时不断穿入泥层，随着泵体的下放和吸泥深度的加大，周围的泥沙会塌落滑至吸泥头处，所以吊吸式作业过程在泥层中形成洞孔，这种方式也被称为洞孔清淤法。吊吸中泵体一般只垂直下降活动，适宜挖掘无黏性的松散的物质，如砂、软泥等。

2. 拖（推）吸式

泵体除用钢缆悬挂外，还被牵引或随船体一起移动，泵体的吸口对着运动的前方。两台气力泵同时拖（推）吸泥示意如图 2 - 6 所示。

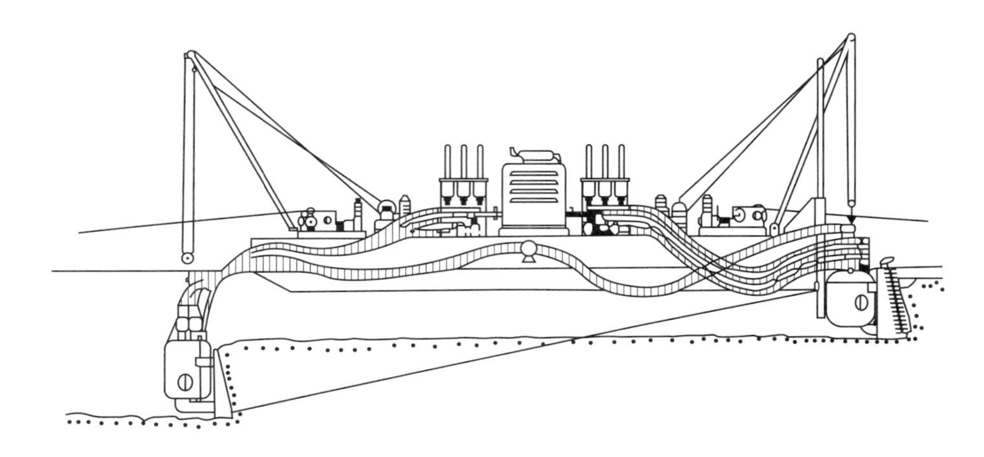

图 2 - 6　两台气力泵同时拖（推）吸泥

3. 扫吸式

将泵体用钢体架支持固定住，类似于绞吸式清淤船的铰刀头移动方式，吸头就可以随着船体的摆动和钢体架的起伏在河床上扫吸挖泥。

4. 定吸式

定吸式是通过悬挂或支撑来固定泵体，从而利用气力泵进行定吸式作业。

2.3.6　气力泵应用前景

就国内使用气力泵的情况来看，意大利的气力泵占绝大多数，但价格十分昂贵，限制了气力泵在国内市场的推广应用。

随着海洋工程、港口开发、环境保护的发展，深水清淤远距离输送、环保清淤等特殊技术对相关设备的需求越来越迫切，因此有针对性地开发与之相关的气力泵十分必要。

1. 深水挖泥

针对现有清淤设备挖深有限的问题，开发深水清淤的气力泵机具主要用于水库清淤。我国拥有大大小小的湖泊水库近 8 万座，这些水库普遍存在淤积的现象，降低了水库的有效库容和使用价值。以往水库清淤通常采用冲沙的方式，即利用汛期大流量的水流在开启下游泄水门时形成高速水流将库底流沙冲走。这样做虽然能奏效，但需等待时机，而且泥沙会引起水库下游水道的骤淤。若改用气力泵清淤，其不受汛期的限制，平时也可施工，而且当水库水深较大时，气力泵不仅可满足水深要求，还可分散处理清淤土。具有深水挖泥功能的气力泵还可用于海底光缆电缆沟的开挖。

2. 环保清淤

气力泵挖掘污染土不会引起清淤泥沙的再悬浮，从而导致吸附在细颗粒泥沙上的有害重金属二次污染水域。严格控制气力泵吸口的位置，可提高挖掘污染土的精度，减少处理污染土的成本。我国很多城市湖泊和水道都面临富营养化，因此气力泵在环保清淤应用领域前景广阔。

3. 长排距输送

一般单台离心泥泵因压力有限，只能泵送泥沙到有限的排距内，当一项工程要求排送泥沙距离超过几级泥泵串联输送的范围时，改用气力泵来输送就很有必要。实际使用说明，单台空压机就可以将泥沙输送至6～7km之外，而且能耗也小于使用多台离心泵。

4. 特殊工况的应用

对于无法用常规清淤船施工的场合，常常可以使用悬吊的气力泵。例如高桩平台码头下层前沿浅滩的清淤、船坞内外侧的清淤、沉船打捞前的清淤工作等。

5. 海底开采矿砂

利用气力泵可在深海水域开采海底矿砂，对于密实性的矿砂可在气力泵吸口处加设铰刀或高压喷水等松土设施。

2.4 射流清淤技术

2.4.1 射流清淤船的特点

射流清淤船是一种高效、低成本的清淤船型。除了一般的清淤工作外，对于其他设备很难达到的一些区域，它也能够得心应手。射流清淤船与机械式清淤船相比，主要有以下特点：

（1）射流清淤船的清淤方式是通过低压水冲刷沉积的细粒泥沙，使泥沙悬浮于水中，在天然水流的作用下输送泥沙。因此，无需对泥沙实施挖掘、装运或者使用管道输送，从而节省工程开支，并且不会因铺设管道而对其他船舶的航行造成影响。

（2）射流清淤船主尺度都比较小，船舶操作灵活；另外由于施工操作简单，配备的施工人员和施工设备都比较少，施工工艺也比较简单，从而降低了清淤成本。

（3）射流清淤船依靠射水冲刷泥沙，使之起扬，因此，它可以冲刷到其他清淤船不易或无法清除的地方；喷嘴可以更接近永久建筑物表面而不损伤其表面；可以对不平整复杂表面做高效清淤，又不造成损坏；在一些特定情况下与其他清淤船配合作业，能够取得很好的清理效果。

（4）从能量的角度来看，由于只需要将水注入泥土层中，而不需要将泥土吸起和排出，因此耗费的能量较小。并且，在整个清淤过程中，射流清淤船只有水进入泵中，而没有其他颗粒进入，因此对泵的磨损也较小。

（5）射流清淤船工作时不会产生很大的羽流，并且由于航道的设定，产生的混合层将在特定的方向上运动，因此可以很好地控制淤泥排放位置。

射流清淤船相比一般的清淤船具有非常多的优势，但是纵观其整个发展历史，它并没有被大规模制造，主要的制约因素是工作条件。射流清淤船对环境有着很高的要求，因此只能应用于比较狭窄，且有一定低位能的航道，如深槽、深潭等；或者某些入海口位置，这是因为在这样的地理环境下产生的潮汐流可以加快泥沙的运输。此外，射流清淤船对于清淤泥沙的成分也有很高的要求，清淤物的基本成分必须是泥或细砂。在清淤前后，细砂的浓度降低了很多，而中砂或者更大的颗粒则基本没有变化。此外泥沙粒径与输送距离也有关系，一般泥沙中值粒径小于 0.05mm 时，其清淤效率会越来越高。

2.4.2 射流清淤船工作原理

在射流清淤船航行作业时，射流泵通过船体两侧的海底门吸取河中的水，泵出的水流通过船上的管路输送到射流装置中，再由喷嘴低压注入注射区中，如图 2-7 所示，使得此处淤泥的水含量升高，淤泥逐渐液化成水—泥混合层；同时喷嘴中喷出的垂直流使得原本水平的河床变成一个曲线，由于漩涡的存在，使得该混合层在水中分散开来，并不断吸收周围的水，此时混合层的密度并不单一，流体上的作用力不平衡。随着流动的继续，混合层的密度逐渐趋于一致，进而形成一个均匀的悬浮混合层，即过渡区。这时混合层的密度大于周围水的密度，形成密度差，于是混合层开始移动，即形成了密度流。悬浮的水—泥混合层在密度流的作用下进入运输区，直至输送到预定的地点，由此完成了清淤工作。

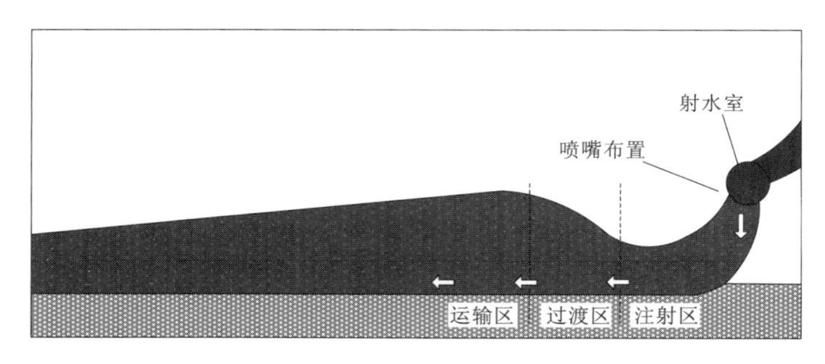

图 2-7 射流清淤船工作原理图

2.4.3 射流清淤船的型式

根据射水管路的布置型式和船型特点，射流清淤船可分为中心开槽、双船体型以及射水管 U 形布置三种型式。

1. 中心开槽

中心开槽如图 2-8 所示。输水管道位于中心开槽内，配水管道位于船尾，起吊装置横跨两个船体部分，水泵位于船体内部。这种设计的优点是可以更好地保护输水管道，但船体中间有很长的开槽，因此船体不完整，同时喷射管两端均悬臂，因此强度难以保证。

2. 双船体型

双船体型如图 2-9 所示。这种型式与第一种类似，只是主船体为两个半船体相连接，采用两台柴油机驱动挂机桨推进。这种设计非常适合模块化建造，因此大大降低了建造的难度。但是这种船体的阻力比较大，因此在自由航行的条件下会降低速度，并且船体尺寸

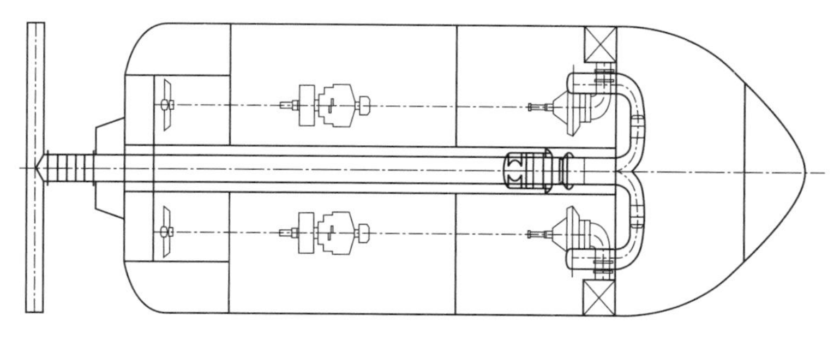

图 2-8　中心开槽

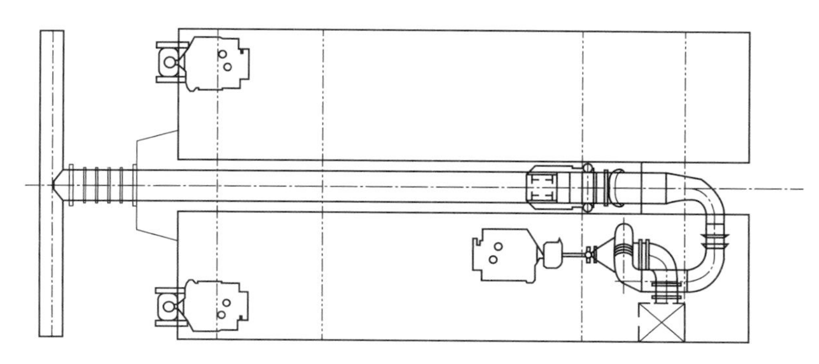

图 2-9　双船体型

限制了干舷和推进器的设计。

3. 射水管 U 形布置

射水管 U 形布置如图 2-10 所示。这种设计是在整个船体的外围安装了一个 U 形射水管单元。相比于前两种型式，它增加了清淤的宽度，并且一般可以通过改装已有的船舶来完成，只需增加一套射水装备和抽水装备即可。射水管 U 形布置虽然增加了船舶在航行和工作时外围管道受损的危险，但喷射管可以有更宽的宽度和有效的支撑。

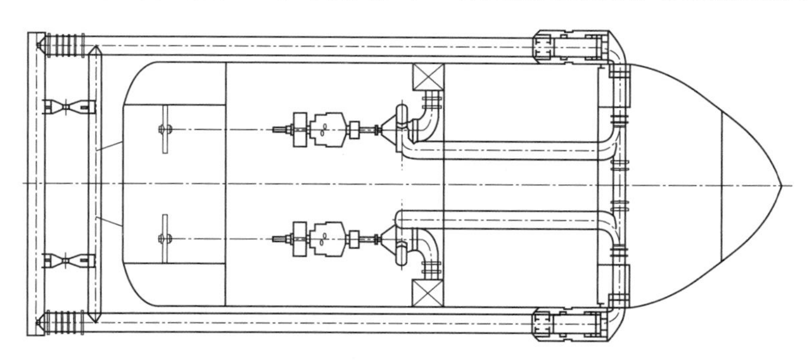

图 2-10　射水管 U 形布置

上述三种型式的射流清淤船各有优缺点，但是考虑到射水管 U 形布置可通过改装现有的船型得到，并且可改装成多功能清淤辅助船，因此目前市场上新建的射流清淤船大多采用第三种。

2.4.4 射流清淤船的主要清淤装置

1. 射流泵

射流泵是射流清淤船最主要的构件之一，它不需要输送大颗粒的泥沙，因此在工作中受损较小。一般的射流清淤船都配有两个射流泵，分别位于船左右两侧。射流泵是低扬程、大流量的离心泵，因喷射水搅动河底的泥沙需随水流带走，所以它仅用于淤泥、软黏土或细砂的海底，也不需要过大的水泵扬程。

射流泵的驱动主要有两种方式。一种是专用的柴油机驱动；另一种是用推进柴油机的自由端驱动，其飞轮端驱动螺旋桨。为了便于装卸，甲板上的泵组安装在集装箱内，并需要考虑增加辅助设备来提高泵的吸入能力。

2. 尾部提升装置

尾部提升装置设于尾部甲板上，其基本构成有绞车、钢丝绳、滑轮、A 字架和射流管等，如图 2-11 所示。工作时，绞车放出钢丝绳，将射流管架降至作业深度后停止，可通过调节 A 字架的角度来调整喷嘴距河床的高度与角度。当有波浪产生时，船舶会产生上下颠簸，但水下喷射装置必须克服波浪的影响，始终紧贴河床表面运动，因此就有必要安装由油缸和蓄能器构成的波浪补偿系统，如图 2-12 所示。波浪补偿系统是一套被动补偿系统，工作时绞车的钢丝绳处于绷紧状态，在有波浪的情况下，当船体被波浪上举时，压力管道将会被船带动向上倾斜，连接该处的钢索受力增加，钢缆将柱塞杆向内压入，钢丝绳长度虽然不变，但由于油缸活塞杆的缩进而使喷嘴相对船下放，使得压力管道重新回到河床表面；当船体下沉时，压力管道压入泥土之内，钢丝绳则处于松弛状态，柱塞杆受液压作用向外伸出，使钢索自动绷紧。

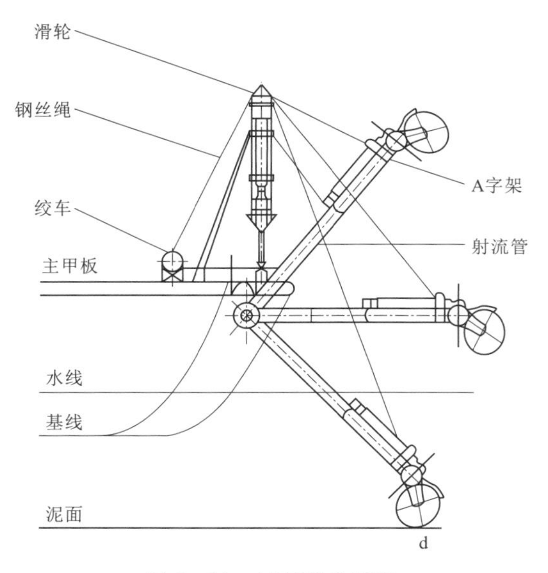

图 2-11 尾部提升装置

图 2-12 波浪补偿系统

3. 射流装置

射流装置包括输送管道、转动接头、配水管道和喷嘴等构件。大量的水流由射流泵吸入至输送管道内，经由头部转动接头流入配水管道中，再由喷嘴注入河床中。转动接头是回转体与非回转体之间的连接体，由法兰管和压盖组成，其作用是使喷嘴能够以任何角度和高度冲刷泥床。

2.4.5 射流清淤船的经济性及其环境影响

1. 经济性

(1) 射流清淤船主要通过喷嘴将大量的水注入河床内部，将泥沙冲起，在水流的作用下输送泥沙。与其他机械式清淤船相比，它的清淤设备只包括水泵、输水管道和喷嘴，因此在设备方面的投入比较少。

(2) 射流泵只输送清水，输送管道内部固体颗粒也比较少，可以近似看成是单相流体的输送，并且射流船冲起的泥沙是在天然水流的作用下进行输送，不需要另外增加输泥管道或者泥驳输送，所以不论从水泵的使用寿命或者管道内部能量的损失来看，射流清淤船都具有一定的经济性。

(3) 从船员的配置上看，射流清淤船一般只需要 3～8 人，从而减少了人工成本。

(4) 一般来说，射流清淤船的投入成本主要取决于它的清淤深度和水泵的容量，射流清淤船的清淤深度一般在 5～25m，水泵的容量在 3000～12000m^3/h，投入成本比较低。但是从清淤规模来看，射流清淤船清淤量远小于大型清淤船，而且由于射流船对河床成分要求严格，对许多较大颗粒的沉积物的清淤效果不是很理想，因此射流船的应用范围比较狭窄，但是射流船在适合其工作环境下的清淤效率相当高。

2. 环境影响

相比于扰动式清淤船，射流清淤船对环境的影响较小，并且也没有很长的输泥管道影响周围船舶的航行，但是仍然会对环境造成一定的影响，主要体现在三个方面。

(1) 对工作区的水域造成一定的影响。在射流清淤船工作时以及作业完后很短的时间内，工作水域中悬浮物的含氧量会减少，并且不同温度下含氧量的减少不同。悬浮物中含氧量的变化一方面影响水中耗氧生物的生存，另一方面弱化了沉积物中重金属的约束力，继而释放有害金属，污染水质，并且随着沉淀物被冲起输送，污染源也会随着混合物转移到其他地点，对下游水域生态的造成影响。水域中有害物质的排放主要与沉积物的浓度、氧化还原能力、水质（pH、盐度等）以及温度有关。

(2) 对水底群居生物的影响。沉积物被冲起而悬浮运动，可能导致河水浑浊，河底光照不足，对鱼类造成一定的影响。另外在生物产卵期时，沉积物的提升可能会破坏生物卵的发育。通过调查发现在工作水域附近，发现底栖生物受到损害，数量也在减小，并且在工作水域下游，底栖生物随着沉淀物的悬浮并再次沉淀的过程中同样受到了损害。

(3) 对水中的船舶运动的影响。由于射流产生密度高于周围流体的异重流，两种不同密度的流体在重力的作用下发生偏移，在某些情况下这种偏移会达到数千米以上。因此水域中流体的运动会造成水中船舶的运动，如果在开阔的水域，这种运动的影响可以忽略不计，但是射流船的工作地点基本是在比较狭窄的区域或者港口、入海口等，因船舶运动范围比较有限，船舶有撞击河岸的危险；若水域内的船舶的数量比较多，流体运动会使船舶发生一定程度的位移，造成港口拥堵。

射流清淤船有很明显的经济优势，但对环境也造成一定的影响。在实际应用中，首先要确定工作环境和河道淤积物的污染等级，注意河道底部生物的种类，以确保达到清淤目的的同时尽可能减少对环境的影响。

2.5 其他清淤技术

2.5.1 排水干挖

排水干挖在行业内又称为空库干挖清淤，要求在非汛期降低库水位或放空水库，采用常规的挖掘机械进行淤泥、砂土的挖掘与运输。空库干挖清淤技术的优点是耗水量小、清淤量可控性强、清淤彻底、对环境影响相对较小，缺点是需耗费外部动力装备，清淤成本高。

2.5.2 耙吸式清淤船

耙吸式清淤船结构如图 2-13 所示。其作业过程为下放耙管，启动泥泵，将耙头继续放至与泥层贴合，开始清淤挖掘作业；挖掘泥沙被泥泵抽吸入泥舱，直至装满泥舱，此时舱内泥水混合物的液面高度由溢流筒调定，但不能超过船舶的最大吃水深度；满舱后，等待吸泥管将泥沙抽吸干净，关停泥泵，吊起耙管，加大航速驶向排泥区或吹填区；抵达排泥区后，采用预定排泥方式排空泥舱清淤物，然后再次驶返挖掘区域，开始新的作业循环。自航耙吸式清淤船具有自航能力，其调节灵活度高、调度费用低、输泥距离不受限制，且挖深大（最大挖深可达 155m），因此应用范围十分广泛。针对不同水库的边界条件，可选择不同型号和尺寸的耙吸式清淤船进行清淤作业，并选择虹抛岸吹或者管路输送的方法将挖掘的泥沙运输上岸。

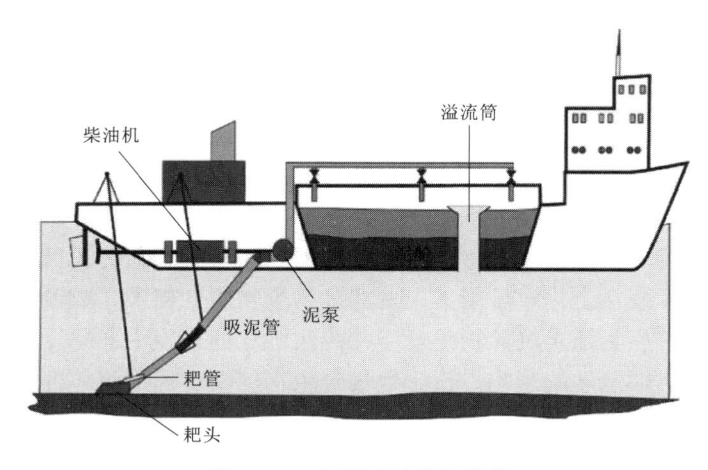

图 2-13 耙吸式清淤船结构

耙头是耙吸船最重要的部件之一，它的性能决定了耙吸式清淤船的整体效率。常见的耙头是依据泥泵水流造成冲刷的原理研发的，通常为耙头装配高压射流喷嘴，根据土层挖掘难度考虑是否启动高压冲水泵。此外，为高效清淤淤泥和黏土，设计了淤泥耙头；为高效清淤硬黏土和密实沙，设计了主动耙头。

2.5.3 DOP 清淤船

偏远地区的水电站，山区公路不易通行。传统的清淤船受船体尺寸和挖掘深度限制，很难适用于上述山区大坝或水库的清淤工程。荷兰达门清淤设备公司研制的 DOP 清淤船易于拆卸和运输，其最大的组件也不会超过一个标准集装箱（2438mm×12192mm×2896mm），并且质量不大，可以用小型起重机装配。

新推出的达门 DOP 系列清淤船清淤能力为 600～2400m^3/h。由于使用了潜水式清淤泵，因此 DOP 清淤船能够轻松地到达其他清淤船无法到达的深度，清淤深度可达 100m。此外，国内还引进了全电动 DOP 清淤船，这对于偏远山区水库的清淤维护特别有“吸引力”。DOP 清淤船如图 2-14 所示。

图 2-14　DOP 清淤船

2.5.4 水力虹吸清淤

水力虹吸清淤技术基于虹吸清淤船、吸头和水下抽沙管道等组成系统，如图 2-15 所示。其利用水库上下游水位差产生的虹吸作用进行清淤。

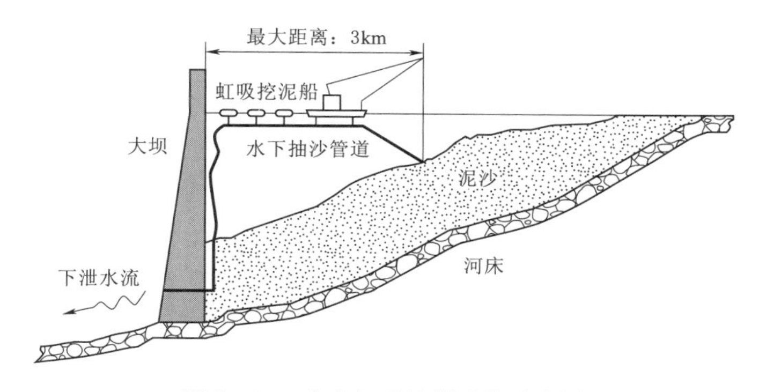

图 2-15　水力虹吸清淤系统示意图

为提高清淤效率，可借助机械设备进行泥沙搅拌，增大悬浮泥沙浓度。在大坝下泄水流无含沙量限制时，该技术适用于坝前的小规模清淤。其主要优点是成本低、设备可拆卸、易运输，可结合农田灌溉排沙；主要缺点是有机碎屑容易阻塞管道且清淤范围有限。

2.5.5 射流泵清淤

射流泵清淤技术是指运用伯努利效应在吸头内产生吸力，从水下抽取水和泥沙的混合物，并经管路运输到指定地点排放。射流泵结构及原理如图2-16所示。

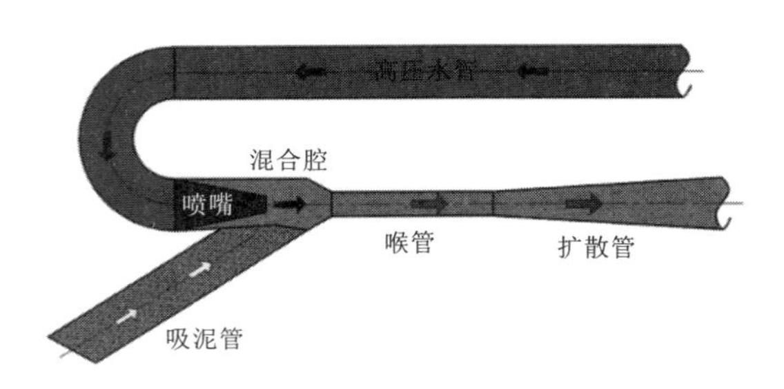

图2-16 射流泵结构及原理

由图2-16可知，高压水管内高压水流经喷嘴时流速会增大，混合腔内会出现负压，在负压作用下吸泥管吸入水和泥沙混合物，并与喷嘴射流混合后通过喉管、扩散管及与扩散管连接在一起的排泥管排到指定地点。射流泵的主要优点是构造简单且容易加工、尺寸和质量均较小、价格低、安装维修便捷、无运动部件、便于启闭、安全可靠性高，与离心泵串联工作可实现污泥或泥沙的深水清淤；主要缺点是效率较低。

2.5.6 气动冲淤

正常水流挟沙能力弱、输沙量少的根源在于水流紊动能力弱，因此水流输沙能力提高的关键在于如何提高水流紊动特性与泥沙上扬速度。气动冲淤技术是指向河底通入空气，引起气、水、沙的充分混合，进而产生联合运动，提高水流紊动能力，最终实现冲淤。现有气动冲淤技术主要包括掺气耙冲淤和通气管路冲淤两大类。

1. 掺气耙冲淤

掺气耙的发展阶段如图2-17所示，主要包括单面齿耙、双面齿耙、掺气耙和改进型掺气耙4个阶段，工效依次提高。改进型掺气耙的工作原理为：耙体随牵引船移动时将淤泥耙起，并随水流进入涡流室；布置于涡流室后侧的高压水嘴喷射高压水流对淤泥进行搅动，使淤泥变成较细颗粒，进而形成固液气三相混合的悬浮层，提高水流的输沙能力，达到清淤目的。

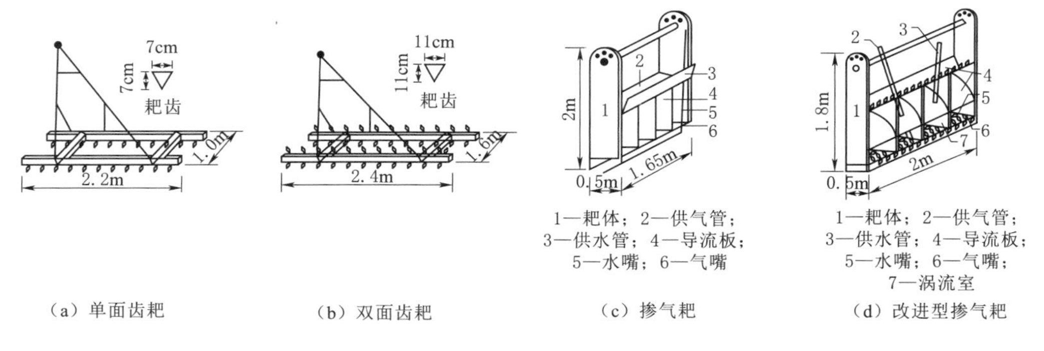

(a) 单面齿耙　(b) 双面齿耙　(c) 掺气耙　(d) 改进型掺气耙

图2-17 掺气耙的发展阶段

2. 通气管路冲淤

通气管路冲淤是指在河床铺埋管路，管路上留有通气孔，空压机将一定压力的气体泵送至通气管路，气泡不断从通气孔冒出，形成上升流挟泥沙上扬，其中沉降速度相对较小的泥沙可以在较弱的水流条件下输送较远的距离。

第3章　清淤船船体结构及布局

3.1　水库深水清淤设备基本要求

3.1.1　概述

本书所述水库深水清淤船为自航绞吸式清淤船，设有辅助推进装置以方便作业调遣时的移位，适合湖泊、水库等深水工况下的淤泥清除作业。船体为单底、单甲板钢质结构，采用拼装式箱形结构，设有一层甲板室；配有定位桩、横移装置、铰刀架提升装置等；舱内泥泵由柴油机经齿轮减速箱驱动。清淤船适用航区为内河B级航区。

清淤船的工作环境如下：

（1）大气温度：－5～40℃。

（2）水温：0～36℃。

（3）最大作业风级：蒲氏5级。

（4）最大水流速度：2.0m/s。

（5）清淤土质：含砂淤泥、粉砂、砂土及粗砂。设计的土质为细砂，中值粒径 $d_{50}=0.5$mm，密度 $\gamma=1.85\text{t/m}^3$，泥浆浓度为13%。

3.1.2　作业方式

清淤船铰刀由液压电机驱动，由横移绞车左右移动船体，呈扇面挖泥作业。清淤船向前工作移动由两个定位桩倒换实现，定位桩由液压油缸提升，并由倒桩油缸进行倒桩操作，本船最小倒桩水深为1.0m；配有铰刀架提升绞车，用以实现铰刀架的升降。船首设2只工作锚，作业时由其他机动船抛锚起锚。

清淤船配置的横移绞车、铰刀架提升绞车均由液压电机驱动。

甲板上左右舷各配有一个悬臂吊，起重能力为1t，最大作业半径为3m，可对浮木等水面漂浮物进行清理和杂物起吊作业。

为加强本船在浅挖时的性能，在铰刀架前段设置一斜形块过渡段，可改变铰刀架与铰刀装置中心线的夹角，在浅挖情况下提高挖掘效率，具有良好的浅挖性能。

3.1.3　依据的标准、规范

清淤船按CCS（中国船级社）和CMSA（中国海事局）的标准、规范设计和建造。本船设计符合下列规范：

（1）中国船级社《钢质内河船舶建造规范》（2016）及其修改通报。

（2）中国海事局《内河小型船舶检验技术规则》（2016）及其2019年修改通报。

（3）中国海事局《内河船舶法定检验技术规则》（《船舶与海上设施法定检验规则》）（2019）。

（4）中国船级社《材料与焊接规范》（2018）及其修改通报。

（5）中国船级社《内河工程船舶工作锚质量计算指南》（2005）。

（6）中华人民共和国国家标准《量和单位》（GB 3100～3102—1993）。

3.1.4 试验及检验

本船材料试验、密性试验、倾斜试验、系泊及航行试验，按“内规”及有关标准的要求进行。本船所有设备均应满足CCS规定。所有造船用材料均应得到CCS认可，并在CCS的监督下进行施工。建造工艺按承造厂的标准进行，并应得到CCS及船东认可。船体电焊可根据船体结构的不同部位，分别采用自动焊、半自动焊和手工焊接方式，但必须确保板材的厚度要求和焊接质量。

3.1.5 主尺度及主要参数

在设计水库清淤船尺寸时，需要考虑多个方面因素，以满足清淤工作中的要求。

（1）船体尺寸。船体尺寸需要考虑大规模的需求，以满足承载能力和作业能力。一般来说，清淤船舶尺寸应与水库规模相匹配，在不超出船舶使用限制条件的前提下尽可能提高载货能力和运输效率。此外，装载清淤设备的船体尺寸需要满足水库宽阔度和水深等要求，使清淤作业能够顺利开展。

（2）船舶的可靠性。在船舶设计时，要考虑船体结构的强度、稳定性以及航行能力等因素，并进行相关计算和验证，以确保船舶能够在多种湖泊水深条件下保持安全航行状态。同时，选择高品质和高耐用性的材料，可以提高船体的使用寿命，降低维护和修理成本。

（3）船舶的经济性。综合考虑船体尺寸、载货量以及运输效率等，选用合适的发动机和驱动系统，能够有效减少船舶燃油消耗和运营成本。选择易维护和耐用的零部件和设备，并定期进行维护和保养，可以延长船舶寿命并减少维护成本。

（4）船舶的使用需求。清淤工作需要先进和高效的清淤技术和设备，船舶必须能够满足清淤器械和设备的安装和使用要求。

综上所述，本项目所设计的船体主尺度及主要参数如下：总长（包括桥架）：22.83m；船体长：18.30m；型宽：7.00m；型深：1.50m；设计吃水：0.80m；结构吃水：0.85m；肋距：0.50m；甲板室间高：2.20m；舷弧：0；梁拱：0.10m；船员：2人；燃油舱容积：1.25m^3。

3.1.6 主要性能

（1）主要清淤作业性能参数。设计生产率：2500m^3/h；最大挖深：50.00m；单泵排距/排高：2.5km/4m；管道最大输送距离：12.5km；吸泥管直径：400mm；排泥管直径：400mm。

（2）自持力。本船配燃油1.3t，可连续施工10h。

（3）稳性、干舷及浮态。本船稳性及干舷在各工况下满足内河法规对 B 级航区的要求，并可通过首尾部压载进行调节保持平浮。

（4）通航能力。本船采用可倒式桅杆，倒桅以后，设计水线以上最大固定物高度不超过 3.8m。

（5）辅助移位。本船在采用辅助推进装置进行调遣、移位时，航速约为 3.2kn。

3.1.7 材料、工艺、标准及单位

1. 材料

船体结构的钢料采用 CCSA 级钢。厂商表和订货明细表所列的重要设备和材料应提交船东认可。

建造厂应按厂商表和设备订货明细表选用设备和材料，若所列出的某些设备和材料由于某些原因确实无法得到时，在征得船东和设计部门的同意下，可以用相当的设备和材料代替，涉及船级规范的，应取得船检部门的认可。

2. 工艺

所有为船舶的建造而采用的工艺可按建造方的标准进行。建造厂应按本厂的标准和惯例编制建造工艺文件，有关船厂建造工艺文件应提供给船东代表。

对于重要的工艺程序应征得船东及 CCS 验船师的认可。

3. 标准和单位

按实际情况，除后述中特别规定外，本船船体、舾装、轮机、系统、电气、自动化等均采用中国计量出版社出版的《常用法定计量单位》。

除了特别规定的设备外，建造船舶可采取下列标准：国标或部标（GB、CB、CBM、JB 等）、建造厂的工厂标准、建造厂的技术标准。

4. 减振隔声

在结构上，机舱机座下用扁钢加密，降低低频声传播；骨材与板或骨材与骨之间有良好过渡并满焊；机舱内敷设 50mm 厚超细玻璃棉吸音材料及穿孔薄板；机座下及机舱前，上壁涂刷阻尼胶 3mm。

排气管采用弹性支承；油水管采用软管接头，以隔断声桥；自然进风管内壁敷设厚度为 2 倍金属壁板厚度的阻尼涂料。

3.2 水库深水清淤船总布置

本船总布置原则：布置简洁合理，使用方便，通风采光好，使用功能与造型协调；合理分舱，舱壁的设置应满足用途、结构强度、浮态调整的需要。

3.2.1 分体拼装型式

本船由 5 个浮箱通过主甲板以下的销轴、主甲板面上的嵌入式连接板组装成一个整体；主浮箱底部两舷共设置 8 个销轴，甲板面设置 8 副嵌入式连接板；每个边浮箱底部均设置 2 个销轴，甲板面设置 2 副嵌入式连接板。操纵室与主甲板采用螺栓连接。机舱天窗

与机舱棚之间用可拆卸式螺栓连接，便于维修。

3.2.2 浮箱尺度

本船拆解后各个分体中的最大长度为15.5m，最大宽度为3.4m，最大高度为2.8m，以满足运输要求，具体见表3-1。

表3-1　浮箱尺寸参数表

名　称	外形尺度（长×宽×高）/（m×m×m）	重量/t
主浮箱	15.5×3.4×2.8	34.0
左后边浮箱	9.0×1.8×1.5	4.0
左前边浮箱	9.5×2.3×1.5	4.7
右后边浮箱	9.0×1.8×1.5	4.0
右前边浮箱	9.5×2.3×1.5	4.7
操纵室	2.0×2.3×2.4	1.25

本船泵机舱内的净空大于2.4m。操纵室设有隔热和隔音材料，操纵室各方向有良好的采光和作业视野，设有适当数量的可开启窗，配有舒适可调的操纵座椅。操纵室设操纵座椅1个、空调1台、操纵台1个、电扇1个。

3.2.3 作业设备布置

船首主浮箱设有3台绞车，2台作为横移绞车，1台作为桥架起升绞车。铰刀架提升绞车拉力为30kN，配70m长ϕ16mm钢丝绳1根，通过两组滑轮组使铰刀架提升或下放。横移绞车拉力为40kN，各配100m长ϕ16mm钢丝绳1根。2台横移绞车分别设在主浮箱首部左右两侧，2台绞车联合动作，一台收缆则另一台放缆，通过收放定位锚钢缆使铰刀左右移动完成挖泥作业。本船主浮箱尾部定位桩旁设有2只定位桩起升油缸，其型式为单作用柱塞式、柱塞杆端带滑轮、尾部耳环端绞带关节轴承，行程为2000mm。油缸控制阀组为集成式插装阀，可使定位桩以近似于自由落体的速度下降，产生较大冲击力使定位桩快速插入河底。起升油缸采用钢丝绳一端与定位桩连接，另一端用眼板固定于甲板上，通过液压缸推杆顶部滑轮起升定位桩。非作业状态时，利用倒桩液压缸可将桩放倒，通过顶推上抱桩器，将定位桩固定于主甲板上的搁置架上。

定位桩采用圆桩，尺寸为ϕ0.45m×10m，质量约为2.5t。本船定位桩插入河底后，以1根定位桩为圆心，横移绞车通过设置在铰刀架上的横移导向滑轮组收拉缆绑扎在工作区域的固定桩上的钢丝绳方式进行移船作业。需要移船作业时，将1根钢桩插入河底，同时拔起另1根钢桩，再使用横移绞车通过导向滑轮收拉缆绑扎在工作区域的固定桩上的钢丝绳进行扇形移船，依次插座拔桩，以达到移船的目的。

本船左右浮箱首部各配有起重量为10kN的电动甲板吊，其回转半径为3m，起升高度为3.0m，可进行浮木等水面漂浮物清理和杂物起吊作业。

3.2.4 船舶布置图及母型船

船航二维和三维布置图如图3-1和图3-2所示，母型船如图3-3所示。

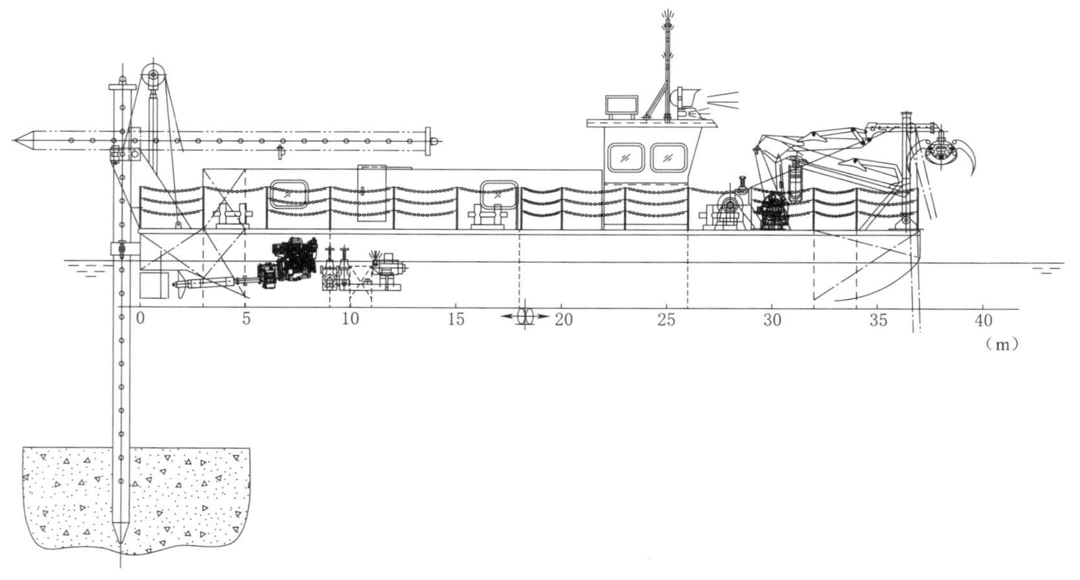

（a）主视图

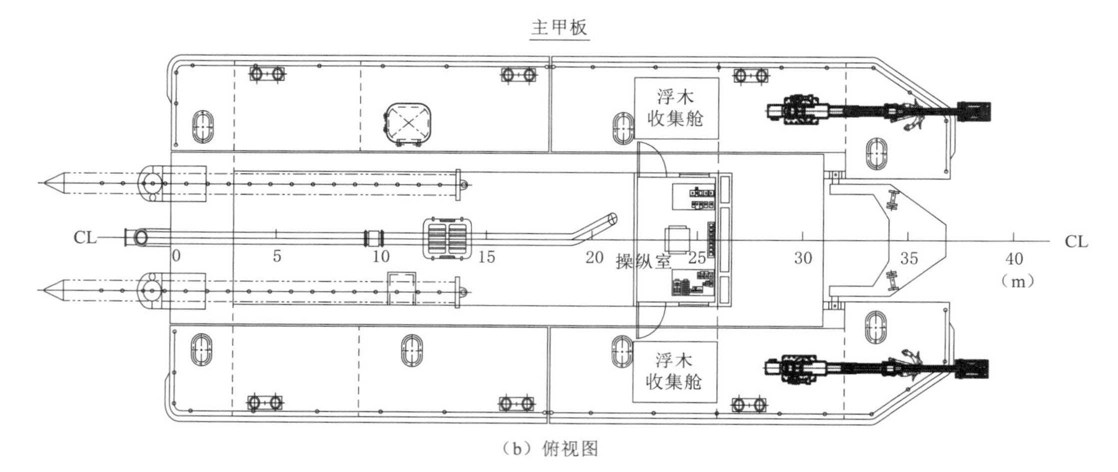

（b）俯视图

图 3-1　船舶二维布置图

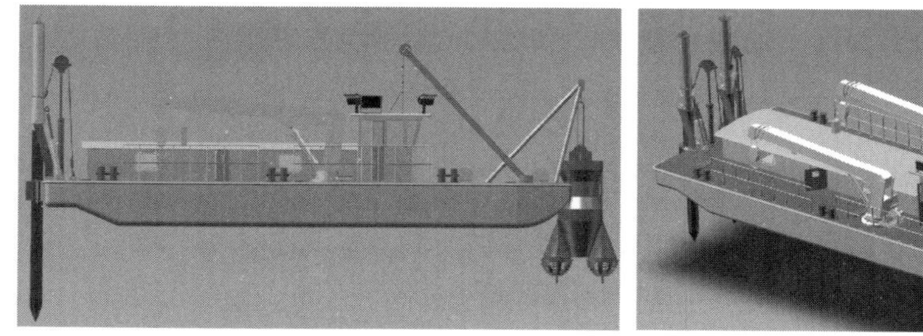

（a）正视图　　（b）等轴测视图

图 3-2　船舶三维布置图

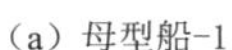

(a) 母型船-1

(b) 母型船-2

图 3-3 母型船

3.3 清淤船船体结构

根据 CCS《钢质内河船舶建造规范》(2016) 及修改通报的相关章节进行设计，船体结构主要构件尺寸通过规范计算并结合局部强度及使用要求确定。

主甲板、船体底部采用横骨架形式，骨架间距 0.5m，舷侧采用横骨架式交替肋骨制，骨架间距 0.5m。

本船的设计图纸经 CCS 审查批准。船舶的建造应符合 CCS 的要求，并在 CCS 验船师的监督下进行。本船的建造工艺、质量保证、公差要求、试验和缺陷消除等应满足中国船舶行业标准 (CB)。

3.3.1 材料与焊接

本船所有材料的物理和化学性能满足 CCS《材料与焊接规范》(2018) 的相关规定；所有金属材料不能有裂缝、夹层等类似缺陷。

本船船体结构所用的焊接材料（包括焊条、焊丝、焊剂和保护气体）应符合现行 CCS《材料与焊接规范》中相关章节规定。所选用的焊接材料应与船体结构的材料级别相适应。

3.3.2 结构型式

(1) 外板。在外板开口处根据规范要求采用加厚板进行加强。

(2) 主甲板。主甲板在不大于 3 个肋距处设置强横梁。主甲板设高 0.1m 梁拱。

(3) 舷侧结构。舷侧全船范围内在不大于 3 个肋距处设置强肋骨。强肋骨、强横梁与实肋板一起组成横向强框架，增强船体的横向强度。

(4) 底部结构。船体底部每个肋距处设置实肋板。

（5）机舱棚。机舱棚采用横骨架式，间距 0.5m，高 1200mm，梁拱 50mm。

（6）甲板室。本船仅设一层甲板室作为操纵室。甲板室甲板和围壁结构均采用横向骨架形式，骨架间距 0.5m。

（7）局部加强。本船各个绞车、液压油缸等设备装置处进行特别加强。

3.3.3 船体设计图

船体相关设计图如图 3-4～图 3-8 所示。

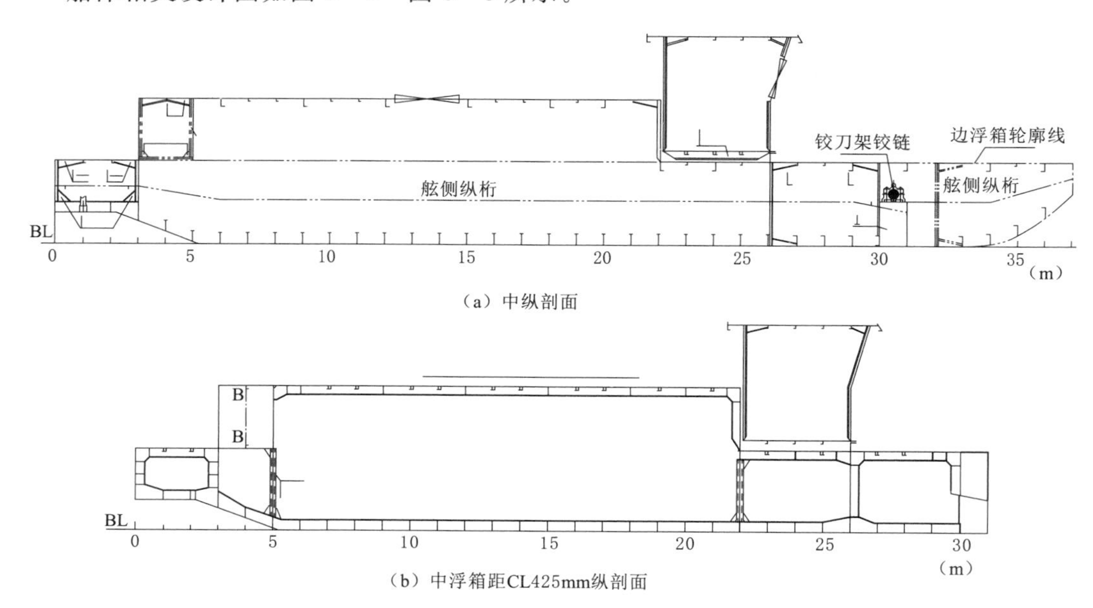

图 3-4　基本结构图

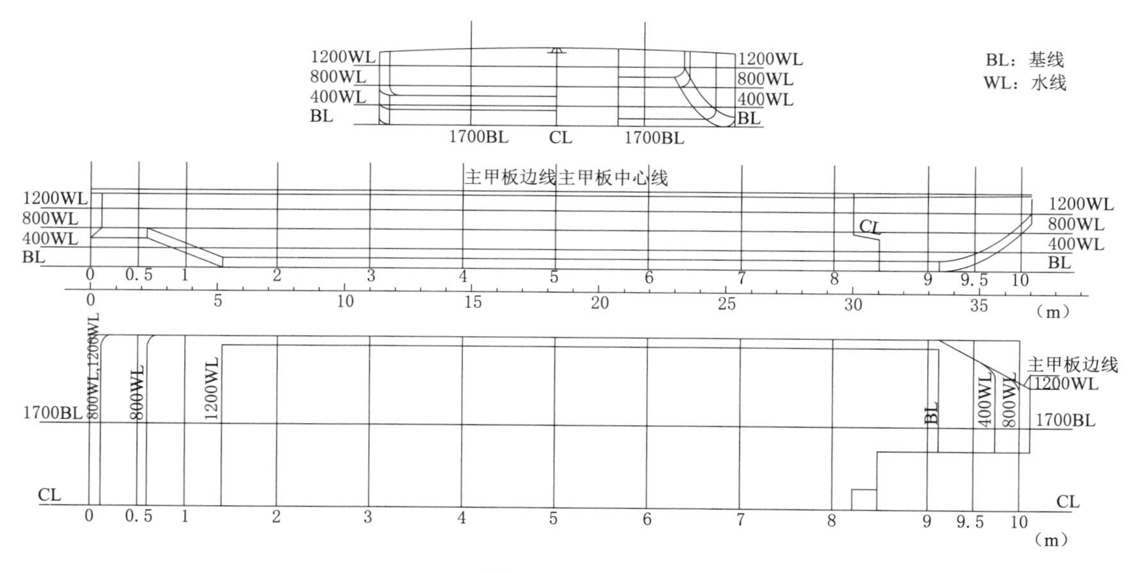

图 3-5　型线图

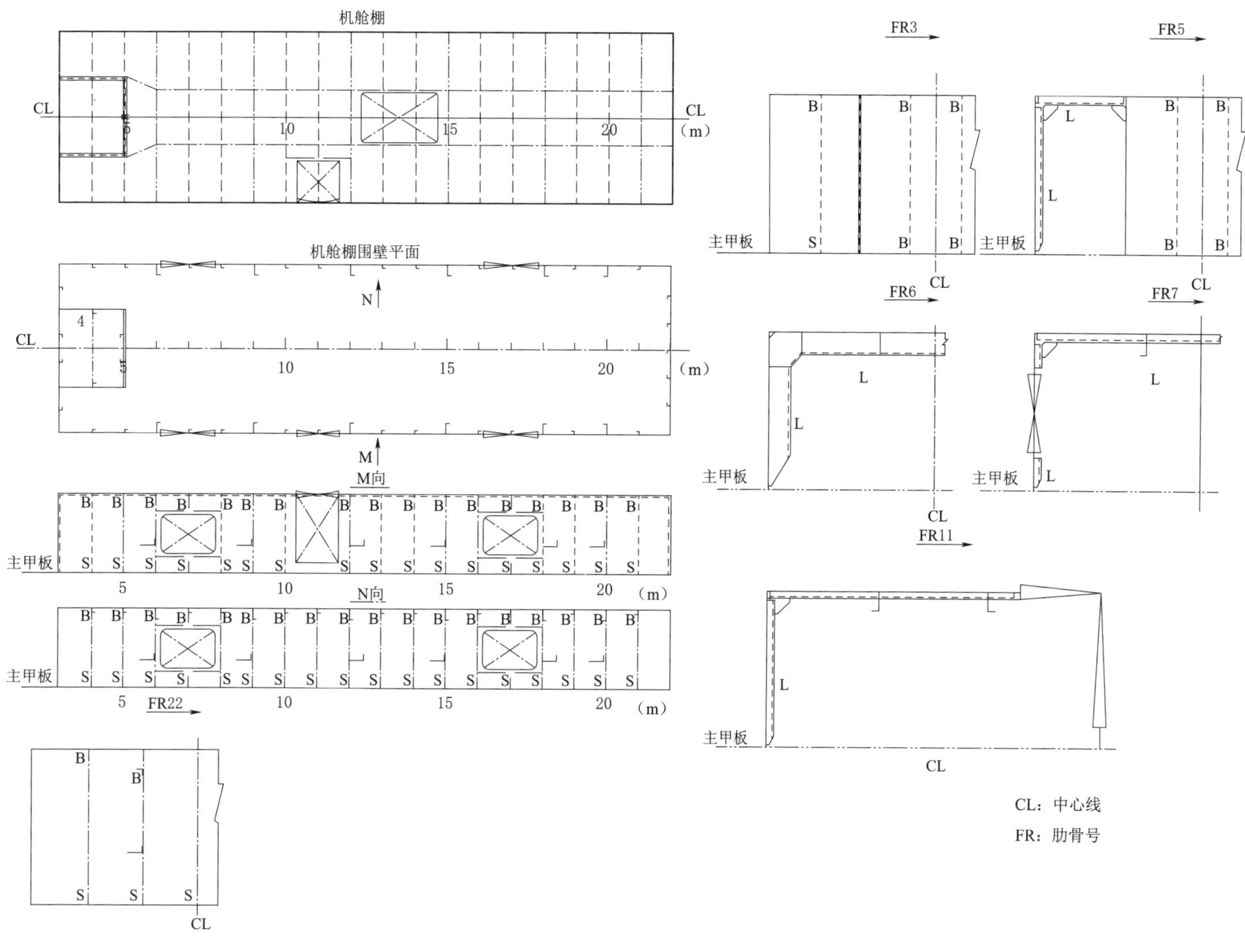

图 3-6 机舱棚甲板及下围壁图

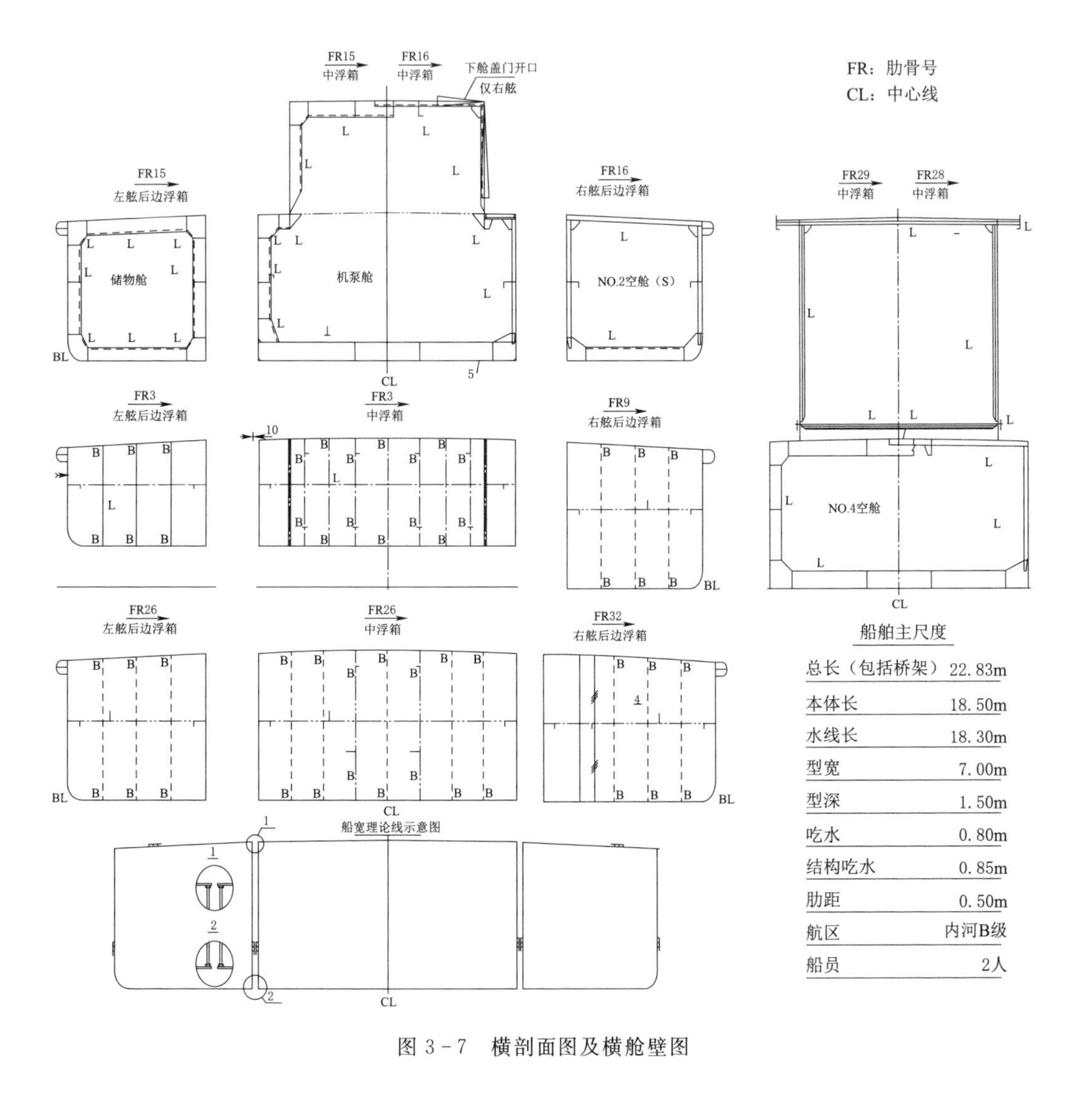

图 3－7　横剖面图及横舱壁图

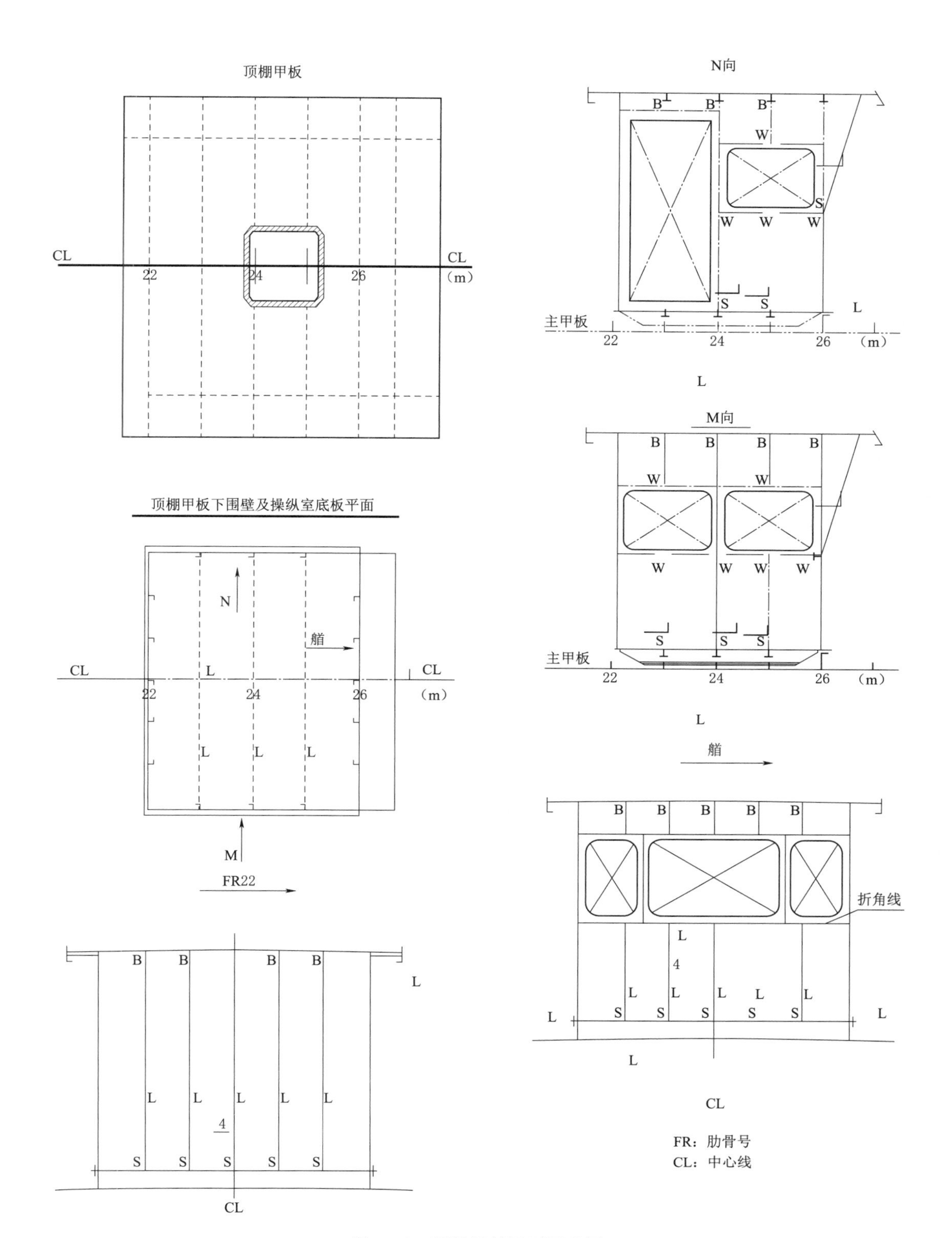

图 3 - 8　顶棚甲板及下围壁图

3.4 舾 装 布 置

船体舾装是指船体主要结构造完，舰船下水后的机械、电气、电子设备的安装。它包括锚泊设备、系泊设备、操舵设备、门窗梯盖、救生设备、消防设备等。为了便于舾装作业的组织与管理，根据其作业的对象、区域和性质的不同，将舾装作业进一步划分为内舾装（内装）、外舾装（外装）和涂装三类，内装和外装又称为船体舾装。

内舾装包括舱室的分隔与绝缘材料的安装、船用家具与卫生设施的制造安装、厨房冷库和空调系统的组成与安装、船用门窗的安装。

外舾装包括锚泊设备、系泊设备、操舵设备、门窗梯盖、救生设备、消防设备、栏杆、桅杆等。

3.4.1 船体舾装布置

船体舾装布置如图 3-9 所示。

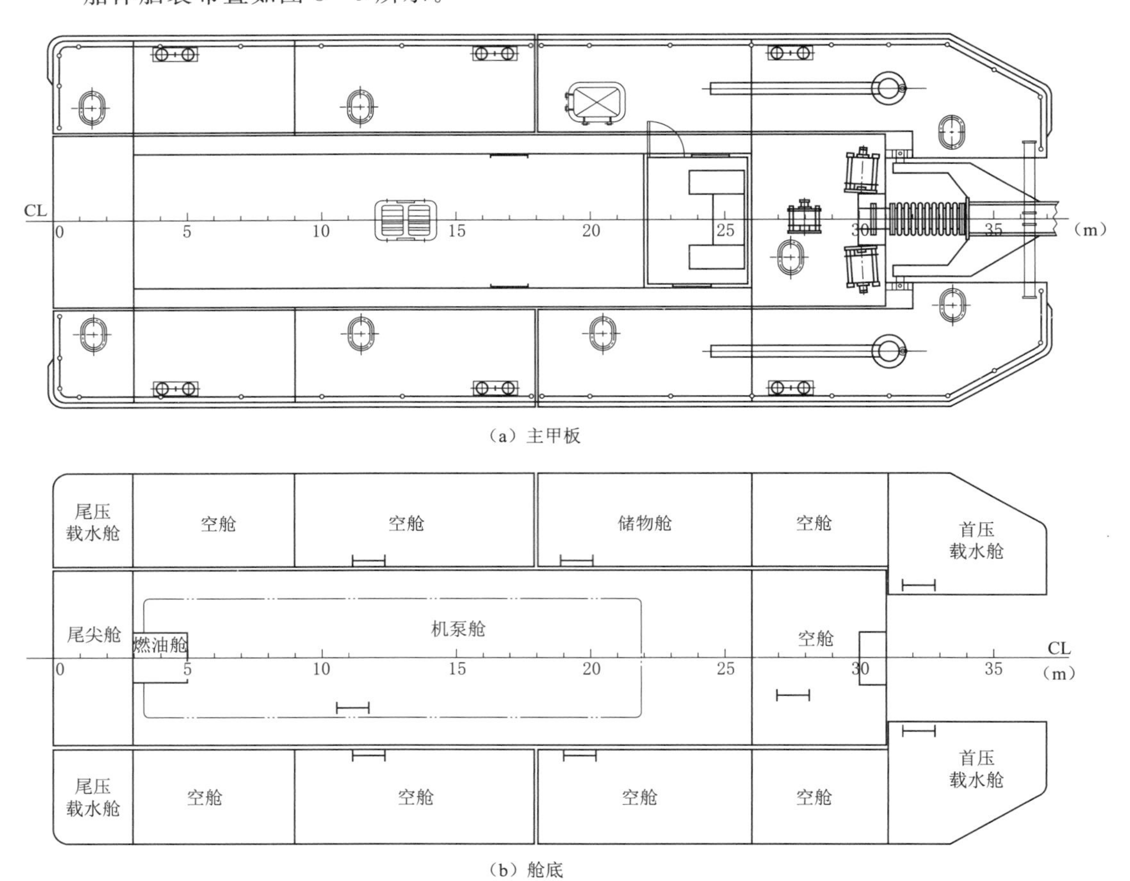

图 3-9 船体舾装布置图

3.4.2 锚泊设备

绞吸式清淤船有锚泊定位和定位桩定位两种作业方式。

1. 锚泊定位作业方式

锚泊定位是借助所配备的锚来对绞吸船作业时进行定位。这是早期的绞吸式清淤船普遍采用的一种定位作业方式，现在一般只用于内河小型的绞吸船。锚泊定位的绞吸式清淤船是在主甲板上前后共布置5～6只锚，分别为主锚、左右横移锚、左右边锚以及尾锚等。其中主锚用于前移船舶，也可用作定位；左右横移锚用来摆动铰刀和铰刀架；边锚起辅助定位之用；尾锚一般作摆动的固定点，即摆动中心。锚泊定位作业方式如图3-10所示。

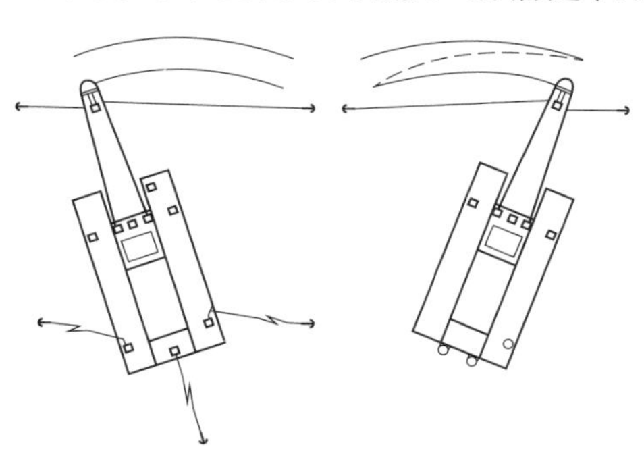

图3-10 锚泊定位作业方式

锚泊定位的工作原理是，绞吸式清淤船被拖船牵引至施工水域的挖掘起始位置后，由锚艇分别将各锚抛出，将绞吸式清淤船定位。作业开始后，由作业操纵船员控制左右横移绞车的收放缆索，实现绞吸式清淤船以尾锚为定位中心，在某一挖槽处进行不同深度的反复挖掘，直至达到要求的深度为止。绞吸式清淤船进位时，应对尾锚放绕，同时收紧主锚锚缆，船舶即前移至下一个挖槽位置，再由左右横移绞车控制船舶左右摆动，重新进行该挖槽的挖掘。如此进行下去，完成清淤任务。由于锚被定位后是不动的，且绞车的容绳量有限，所以，在船位前移至某一挖槽位后，还需向前移动各锚。这个工作是由锚艇来执行的。对于设有抛锚杆的绞吸式清淤船而言，通过抛锚杆来向前移动横移锚比较方便。

这种定位作业方式的好处是定位方便，设备系统简单，移位时对浮态与稳性的影响小；不足之处是由于布设的锚缆多，对其他船舶的通航有一定影响，挖掘精度也不高。

2. 定位桩定位作业方式

定位桩定位作业是以定位桩作为回转中心，左右摆动挖掘的一种作业方式。定位桩定位的作业方式是现代绞吸式清淤船通行的做法，中大型绞吸式清淤船均采用定位桩定位的作业方式。其特点是船舶固定性能好、挖掘精度高、挖槽平整断面齐、对周围水域的影响小等。

定位桩定位的绞吸式清淤船是在船尾左右对称位置设有两根定位桩，不设尾锚和边锚，小型绞吸式清淤船也不设主锚，左右横移锚的配置与锚泊定位方式相同。作业时，通过左右横移锚与定位桩的相互配合来达到挖掘泥沙的目的。其工作原理如下：绞吸式清淤船被拖船牵引至施工水域的挖掘起始位置后，由锚艇分别将左右横移锚抛出，绞吸式清淤船自身将其中一根定位桩（主桩，另一定位桩为辅桩）插入水底泥沙中，将船舶定位。绞吸式清淤船将绕主定位桩左右来回进行挖掘，过程与锚泊定位作业方式相同。船舶进位时，先放下辅桩，再拔起主桩，收紧辅桩一侧的横移绞车缆索，船舶将绕辅桩转动一个角度，主桩随之前移，前移到位后，放下主桩，拔出辅桩，船舶即前移至下一个挖槽位置，再由左右横移绞车控制船舶左右摆动，如此反复进行挖掘。在这种定位方式中，如不设抛锚杆，也还需要锚艇来前移左右横移锚，这只出现在小型绞吸式清淤船上。

定位桩的作用有两个：一是以其中之一为主桩，挖泥时，铰刀可绕此主桩摆动挖掘；二是在左右横移绞车的配合下，利用左、右定位桩轮流从土中插入与拨出，使铰刀和船体一步步向前移动，从而使作业面获得规定的纵向长度。定位桩定位作业工况示意图如图 3－11 所示。

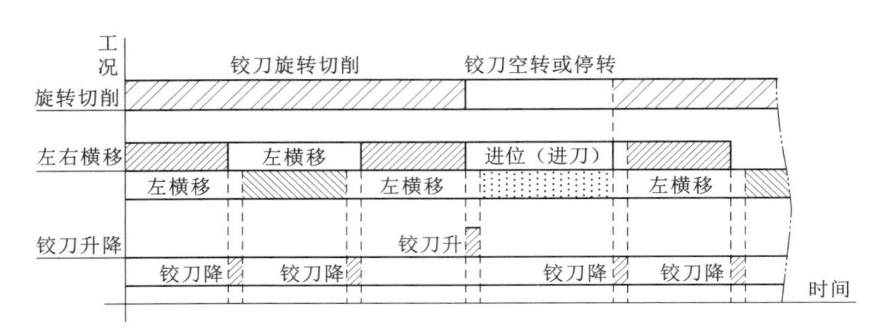

图 3－11　定位桩定位作业工况示意图

3.4.3　系泊设备

主甲板设带缆桩 6 只，应符合 GB/T 554—2008《带缆桩》。本船配备 2 根 ϕ12mm、2 根 ϕ16mm 的长丝三股丙纶绳作为系船索，每根长 50m。

3.4.4　操舵设备

本船配 5kN・m 链传动手动舵机 1 套，舵杆直径 30mm，链轮直径 200mm，舵杆力矩 5kN，本船配 0.371m^2 单板舵 1 只，用于自行辅助移位时的转向。舵装置图如图 3－12 所示，舵叶结构如图 3－13 所示，舵杆如图 3－14 所示。

3.4.5　门窗梯盖

外围壁门采用铝质舱室空腹门。船窗采用铝质移窗，人孔盖、舱口盖采用钢质盖。直梯采用钢质梯。

3.4.6　室内板敷料

操纵室地面刷油漆，围壁及天花板采用复合硅酸盐防火材料加铝制蜂窝板用以隔热。机舱棚围壁及天花板采用复合硅酸盐防火材料加铝箔用以隔热。

3.4.7　栏杆

主甲板上设活动栏杆，高度为 900mm，栏杆链条为可拆式。

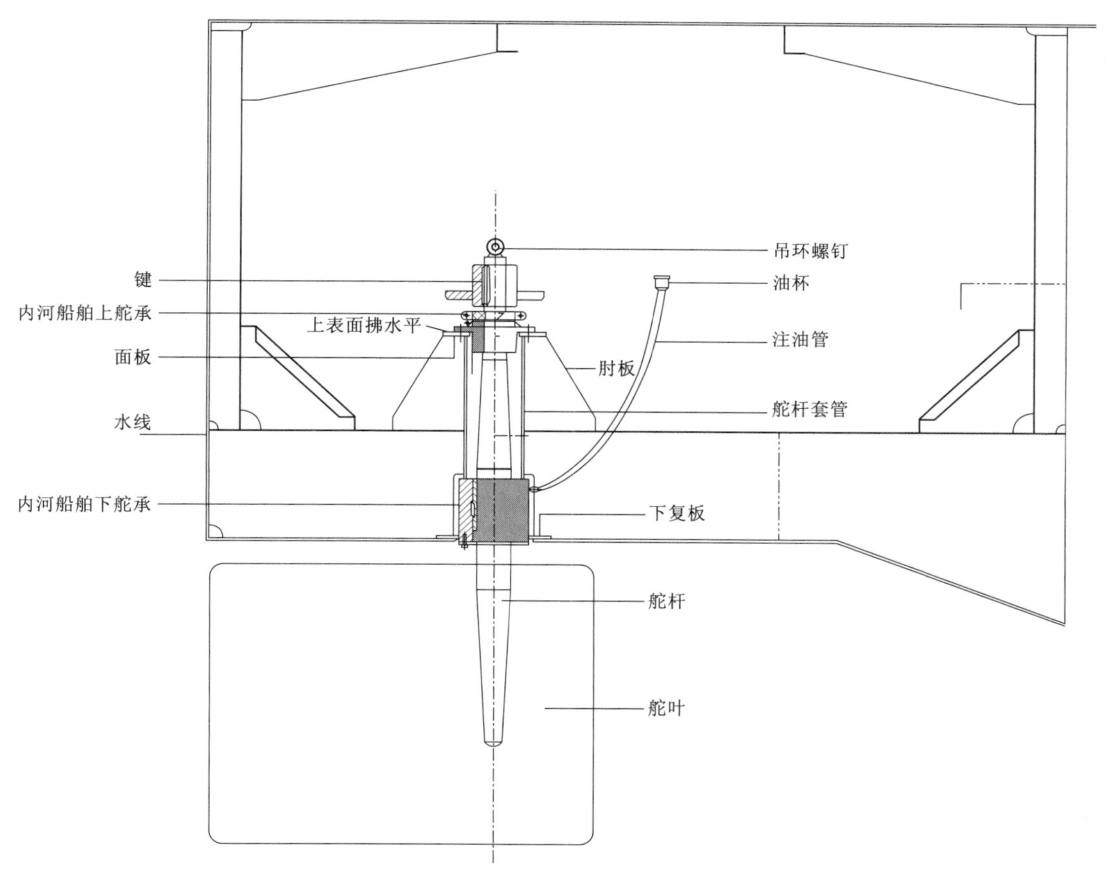

图 3-12　舵装置图

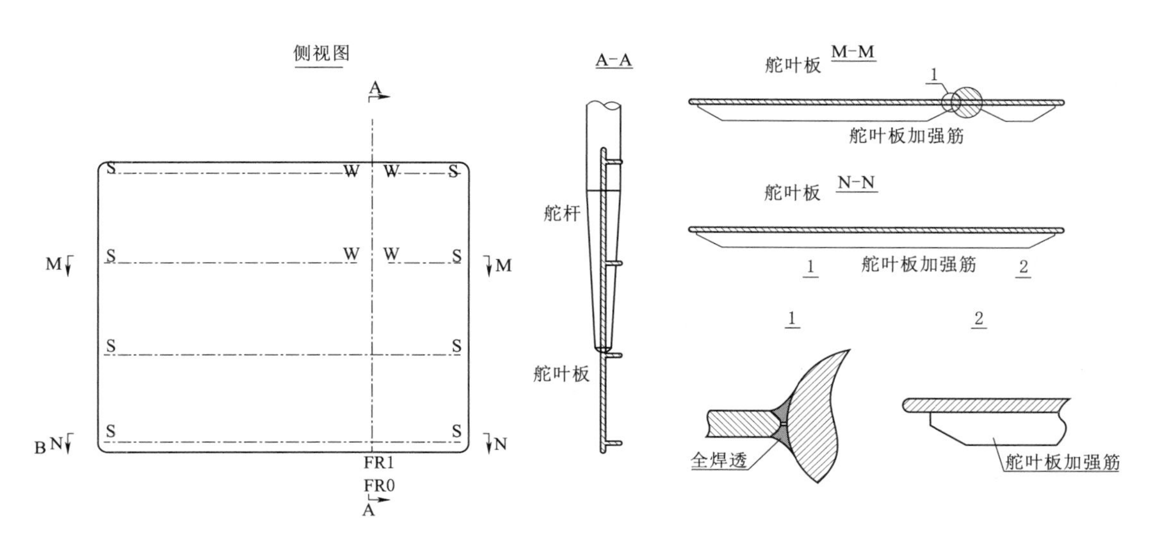

图 3-13　舵叶结构图

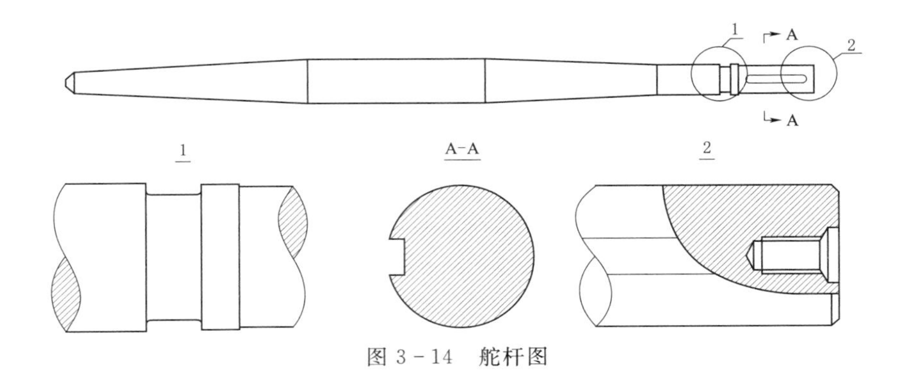

图 3－14　舵杆图

3.4.8　救生、消防设备

本船防火结构和消防、救生设备均按 CMSA《船舶与海上设施法定检验规则》（2019）、《内河小型船舶法定检验技术规则》（2007）要求配置。

本船操纵室配船用工作救生衣 4 件，全船配备救生圈 4 只，手提泡沫灭火器 1 只，手提干粉灭火器 2 只，消防桶 2 只，砂箱 1 个，太平斧 1 把。

3.4.9　油漆

本船用于外露表面的油漆、清漆等应经船检认可，且在高温时不致产生过量的烟及有毒物，钢质构件均应涂漆，涂漆之前均应预先除锈，一次除锈达到 Sa2.5 级，二次除锈达到 St2 级。

所有油漆均采用优质船用油漆，并应符合船舶防污染要求，船体外表面采用喷涂方式，舱室内采用刷涂方式，油漆度数及膜厚符合船检规范。

油漆表中未说明的部件和区域的涂装方案应与其周围环境或类似区域相似。

所有管子和设备连接区域在安装前应充分油漆。

3.4.10　铭牌、挂图和标志

本船各舱室门上设铜质舱室铭牌。船名、水尺载重标志均用 3mm 厚钢板割制，焊在船体上并喷涂。

3.4.11　小五金

小五金为铜质或不锈钢，表面镀铬。

3.4.12　桅杆

在 25 号顶棚甲板上设可倒式桅杆 1 座。根据《内河船舶法定检验技术规则》（2019），在有关工程船信号设备上设置信号灯。

3.4.13　护舷材

本船两舷设置一道纵向半圆形钢质护舷材。

3.4.14 其他

本船提供的施工图只划分板厚区域，船厂在焊缝布置时力求接缝位置合理，以减小焊接变形及焊接应力，具体要求如下：

（1）板缝应避免划成尖角，尽量呈直角相交，以减小应力集中。

（2）对接焊缝的平行距离不小于80mm，对接焊缝同角焊缝之间的平行距离应不小于30mm。

（3）注意板缝的整齐美观，特别是舷侧外板水线以上部分，使板缝与甲板边线平行；管系和电缆通过水密结构时必须予以补强和水密填函料。管系和电缆的开孔高度不得超过桁材腹板高度的1/4，宽度不超过横梁间距的50%，开孔边缘至桁材面板应不小于高度的40%，否则应予以补强。

（4）钢材除锈，除去表面锈蚀、氧化皮、油污、酸碱及灰尘等，本船对于厚度5mm以上型材、钢材在下料加工前必须经过预处理，除锈、喷涂底漆，对于分段装焊下胎架之前，船台装配火工矫正后的二次除锈则采用手工擦锈补漆法。

3.5 动力装置布置

本船为自航绞吸式清淤船，设有一台190kW主机作为辅助推进装置以便作业调遣时的移位，适合航道狭窄、水浅等工况下的清除淤泥。设有一台24kW主发电机组作为本船电站。主机及发电机组柴油机均燃用轻柴油。柴油机排气中的氮氧化物（NO_x）排放量应满足《船用柴油机氮化物排放控制技术规则第3节的有关要求。柴油机应持有船检证书和中国船级社（CCS）颁发的船舶发动机中国一阶段排放认可证书。主机及发电机组柴油机均采用闭式循环水冷却系统。

轮机按机器处所有人值班进行设计，并设有挖泥操纵室。在操纵室内设挖泥操纵台，能对挖泥设备的运转情况及其作业状况进行控制和监视，并设有相应的挖泥监视仪表和各种报警装置。

泥泵柴油机、柴油发电机组的原动机等设备均燃用轻柴油；滑油统一采用符合《D23系列柴油机使用保养维修说明书》要求的牌号。

所有国产机械设备及管系附件、阀件等均按中国工业标准（例如CBM、GB、CB、JB、YB、HG、SY等）进行设计和制造；引进生产的设备及其附带的管路附件、阀件以及仪器、仪表应符合制造厂的标准，制造厂的标准应不低于相应国家的工业标准。

3.5.1 机泵舱

本船主机、泥泵及泥泵柴油机均布置于机泵舱内。机泵舱设备按照各系统分区集中的原则进行布置，并考虑安装、维修的方便尽量采用集群化。舱底铺设花纹钢板，在机泵舱设一个直梯作为进出通道。机泵舱布置如图3-15所示。

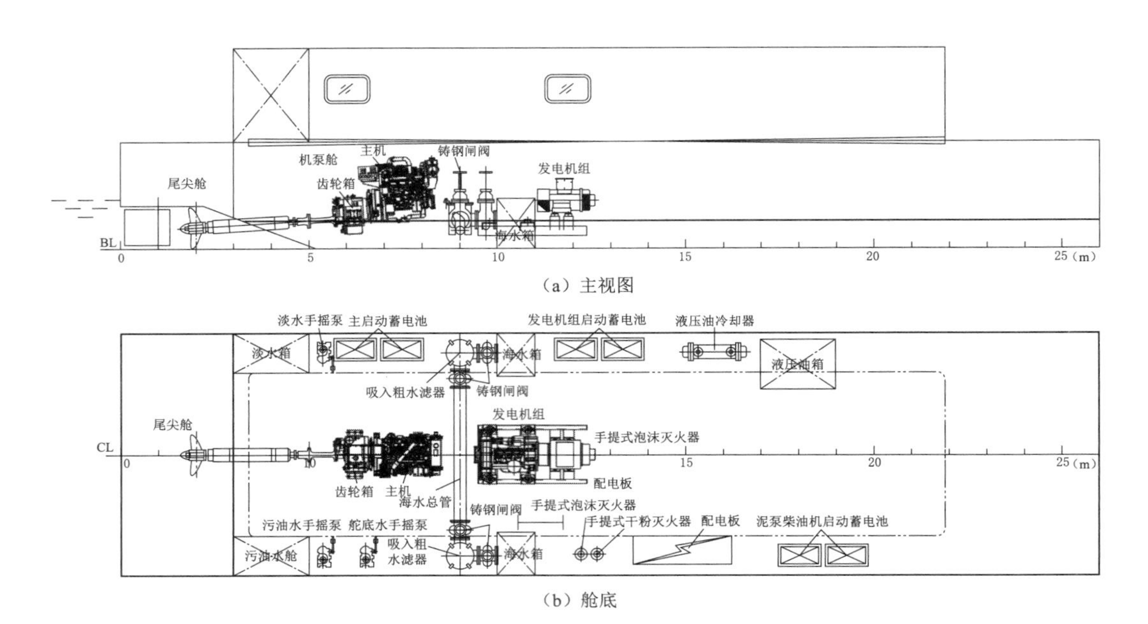

图 3-15　机泵舱布置图

3.5.2　轴系

本船为单主机，主机的输出端通过减速齿轮箱、中间轴、艉轴等驱动螺旋桨。艉轴及密封装置如图 3-16 所示，其中各主要部件如图 3-17～图 3-20 所示。

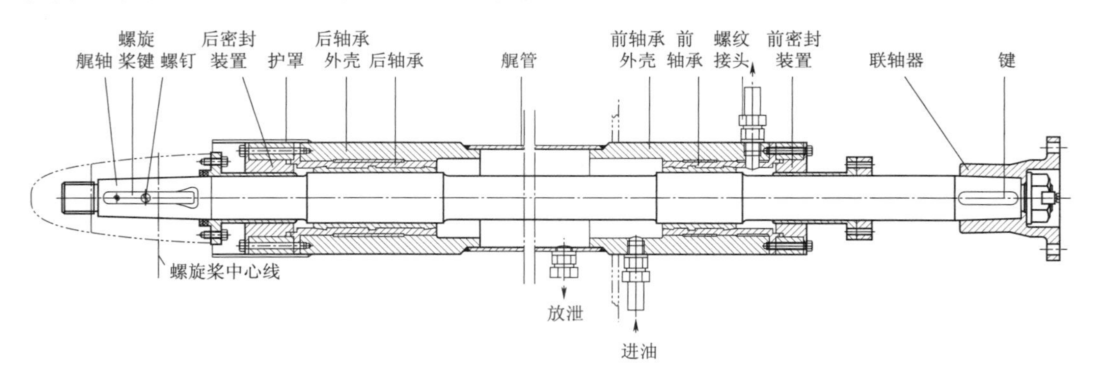

图 3-16　艉轴及密封装置

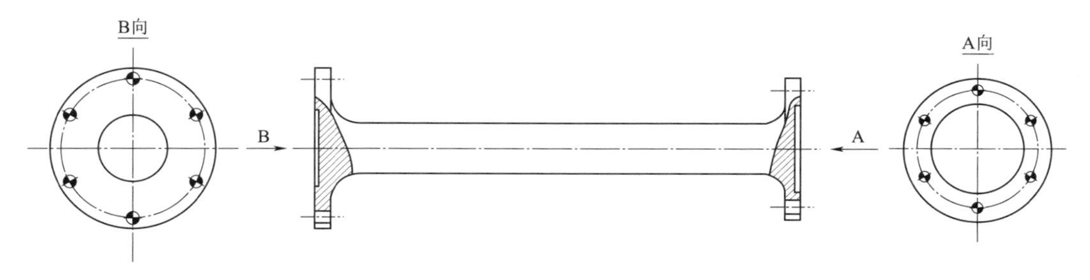

图 3-17　中间轴示意图

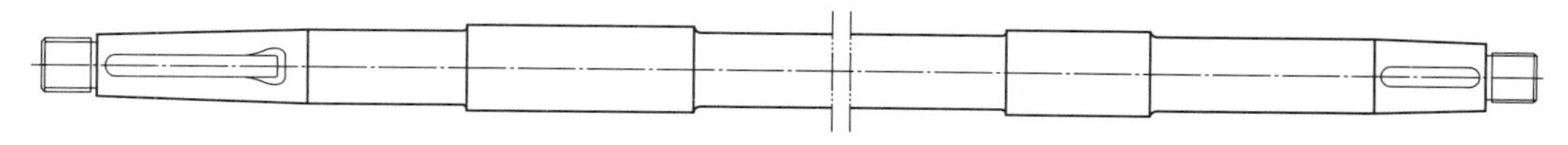

图 3－18　艉轴示意图

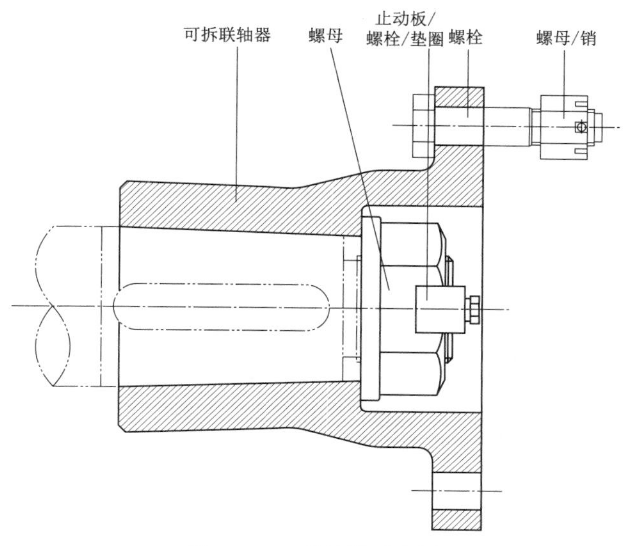

图 3－19　联轴器示意图

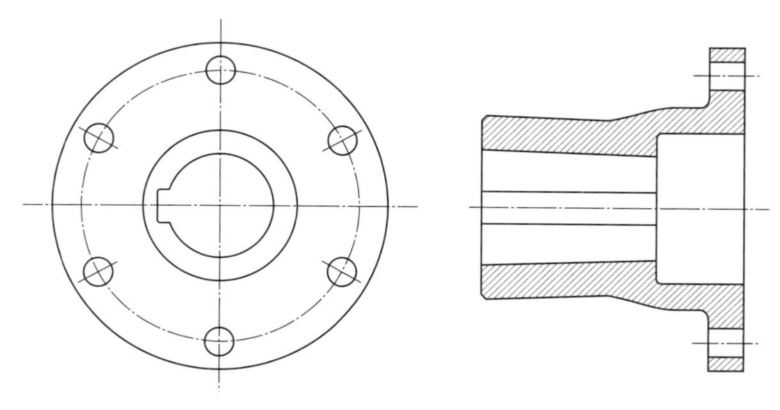

图 3－20　可拆联轴器示意图

轴系由油润滑艉轴艉管密封装置、中间轴以及轴系润滑系统组成。轴系倾斜布置，与基线夹角为 3.4°；轴系螺旋桨中心距基线为 300mm，距 0 号肋位为 1000mm。艉轴轴承采用白合金轴承。

每根轴的基本轴径及其材料如下：中间轴，ϕ60mm，船用 35 号钢；艉轴，ϕ70mm，船用 35 号钢。

3.5.3　燃油管系

本船主机、泥泵柴油机、发电机组均燃用轻柴油。燃油系统由燃油舱、管路、阀件、附件组成。燃油舱依靠重力向柴油机供油。燃油管系布置图及原理图如图 3 - 21 和图 3 - 22 所示。

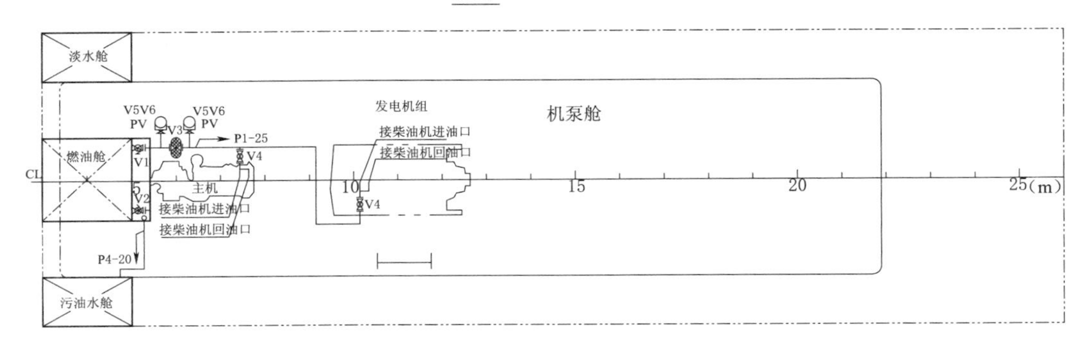

图 3 - 21　燃油管系布置图

P1—供油总管；P3—柴油机回油管；P4—污油放泄管；V1—快关阀；V2—自闭式放泄阀；V3—低压粗油滤器；V4—截止阀；V5—压力表阀；V6—真空压力表

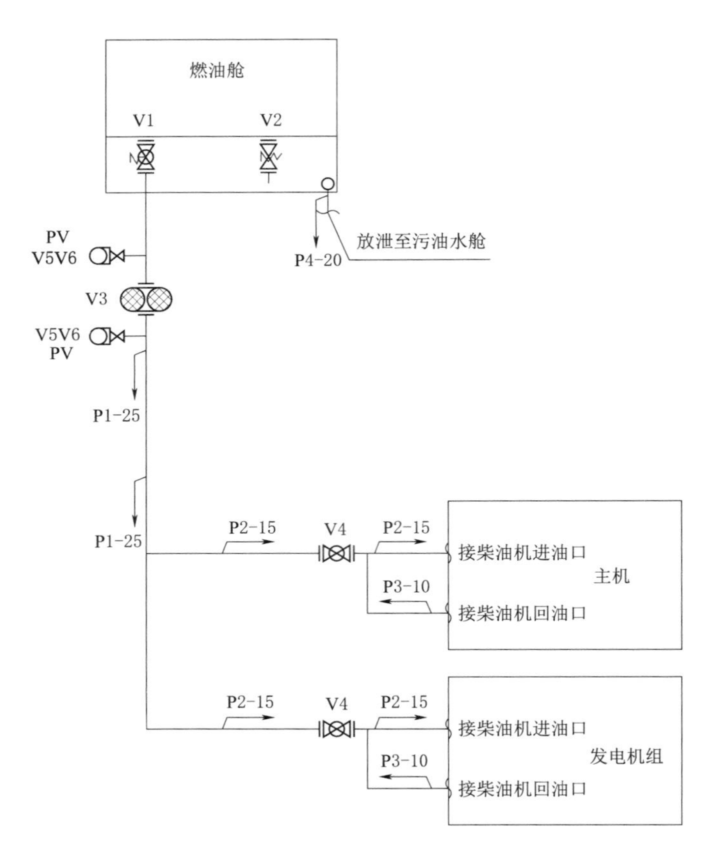

图 3 - 22　燃油管系原理图

V1—快关阀；V2—自闭式放泄阀；V3—低压粗油滤器；V4—截止阀；V5—压力表阀；V6—真空压力表；P1—供油总管；P2—柴油机进油管；P3—柴油机回油管；P4—污油放泄管

3.5.4 滑油系统

本船主机、发电机组、泥泵柴油机、齿轮箱及铰刀轴承所使用的滑油品种统一采用符合《TD234 系列柴油机使用保养维修说明书》要求的牌号。

泥泵柴油机及各齿轮箱均自带有滑油泵、滑油冷却器等，且自成独立的润滑系统。本船铰刀采用油润滑。本船不设滑油管系，柴油机所需滑油用滑油桶进行人工补油。

3.5.5 冷却水系统

本船主机、泥泵柴油机、发电机组为闭式冷却，自带淡水冷却水泵、淡水冷却器、滑油冷却器、海水泵等。柴油机带有淡水膨胀水箱 1 只，用以透气和补充淡水。

主机机带海水泵从海水总管吸水，一路泵至机带的淡水冷却器后，排出舷外，另一路至齿轮箱冷却后，分别排至舷外。

泥泵柴油机为独立的冷却系统。海水由机带海水泵从海水总管吸水，一路泵至机带的淡水冷却器后，排出舷外；另一路至泥泵齿轮箱和多输出轴齿箱冷却后，分别排至舷外。

发电机组自带海水冷却水泵从海水总管吸水至机带的淡水冷却器后，排出舷外。

本系统还设 1 台液压冷却水泵，用于冷却液压冷却器后，冷却水排出舷外。

冷却水系统原理图及布置图如图 3－23 和图 3－24 所示。

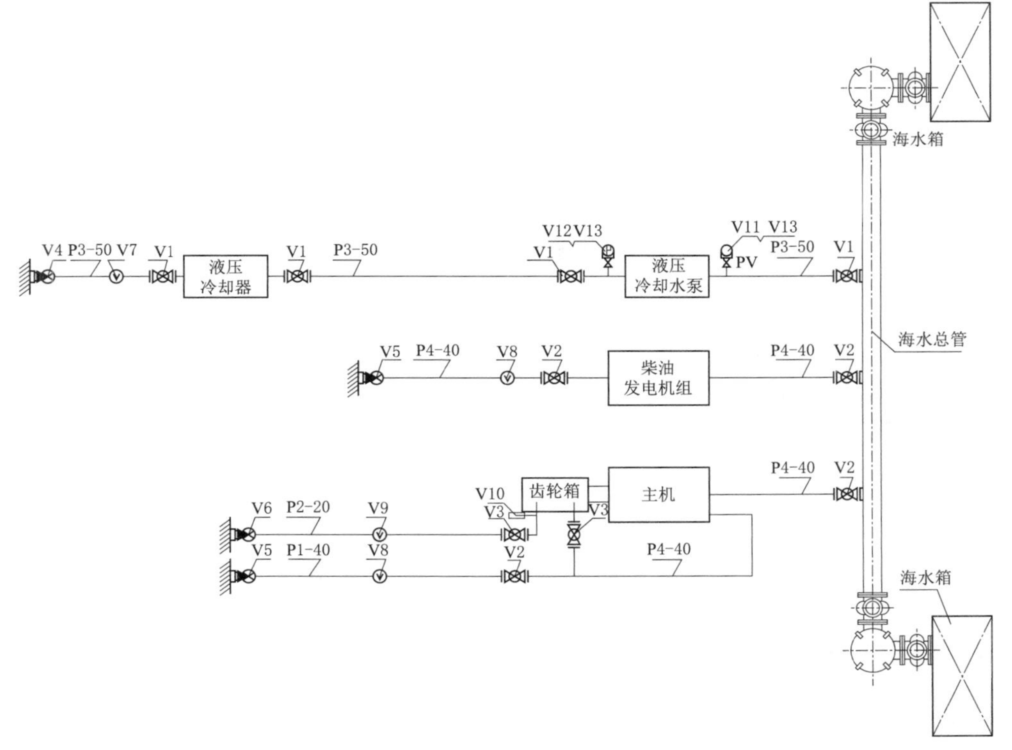

图 3－23 冷却水系统原理图

P1—主机进出水管；P2—齿轮箱进出水管；P3—液压冷取器进出水管；P4—发电机冷却进出水管；V1～V3—截止阀；V4～V6—截止止回阀；V7～V9—液流观察器；V10—温度计；V11—真空压力表；V12—压力表；V13—压力表阀

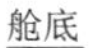

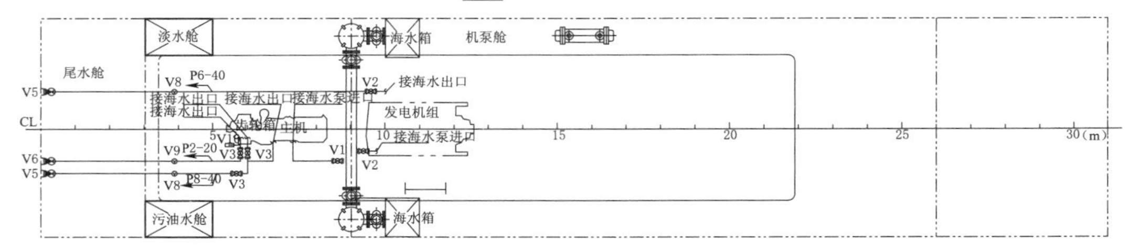

图 3-24　冷却水系统布置图

V1～V3—截止阀；V4～V6—截止止回阀；V7～V9—液流观察器；V10—温度计

3.5.6　排气系统

本船为上排烟，烟从抬高甲板穿出后向艉排出。排气管上装有波纹膨胀节，干式火星熄灭消音器。排气管上设置膨胀接头和刚性支撑或弹性支架。排气管尽量避免 90°弯头，出口作防雨设施处理，用绝热材料包扎，外表温度低于 60℃。排气系统布置如图 3-25 所示。

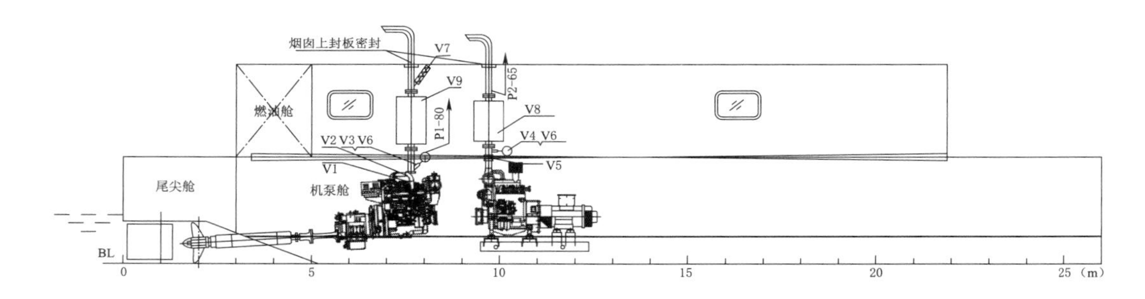

图 3-25　排气系统布置图

V1—主机波纹管膨胀节；V2—异径接头；V3—温度表；V4—温度表；V5—辅机波纹管膨胀节；V6—温度表座板；V7—金属弹簧吊架；V8—辅机消音器；V9—主机消音器；P1—主机组气管；P2—辅助排气管

3.6　船舶系统布置

3.6.1　舱底、压载水系统

机舱设有 1 台手摇泵，用于抽取主体浮箱内的舱底水，左右边浮箱内的舱底水由 1 台潜水泵抽吸排至舷外，该潜水泵同时可用于注、排压载舱内的压载水。舱底水管系布置如图 3-26 所示。

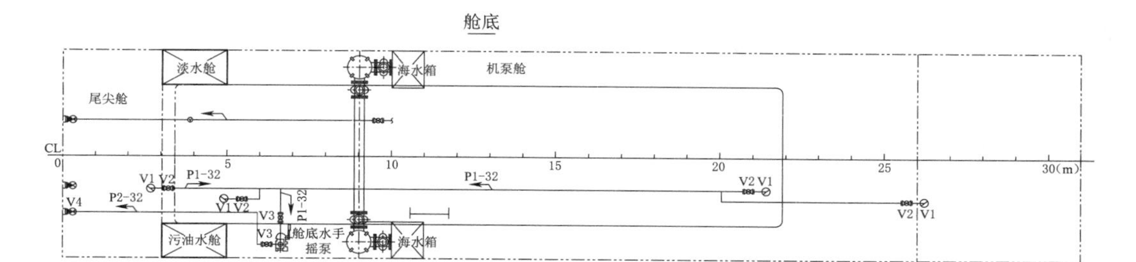

图 3-26　舱底水管系布置图

V1—吸入滤网；V2、V4—截止止回阀；V3—截止阀；P1—舱底水管；P2—舱底水排舷管

3.6.2　消防水系统

根据《内河小型船舶检验技术规则》（2016）及其“2019年修改通报”，本船消防系统可以免设，采用手提式灭火器灭火。救生、消防设备布置如图3-27所示。

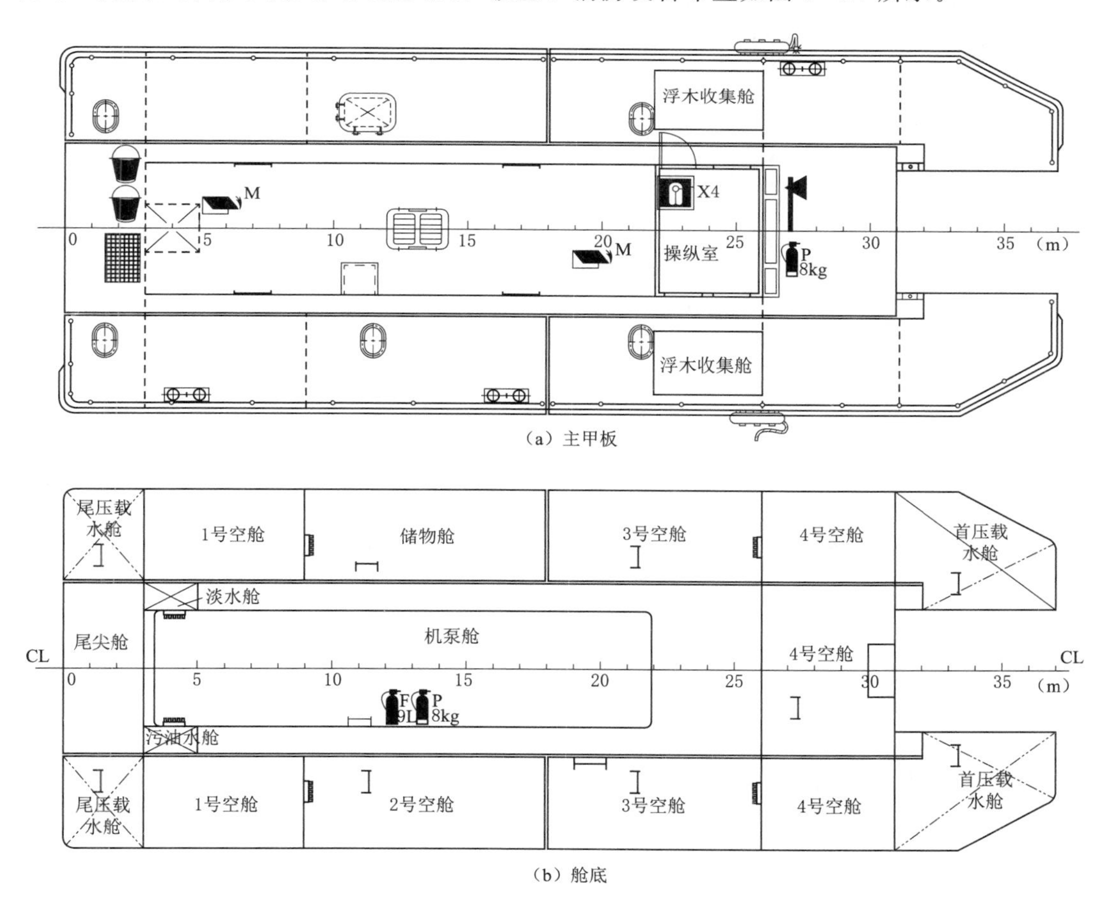

图 3-27　救生、消防设备布置图

3.6.3 疏排水系统

本船主甲板及顶棚甲板积水可自行流出。

3.6.4 注入、透气、测量系统

燃油、淡水均由甲板上的注入头直接注入各自的舱柜，其中油类注入管路上设有防止超压的安全阀。

各注入头处均应设有铜质铭牌标明注入舱名。

本船所有舱、柜和海水箱均设置透气管，透气管的截面积和高度均满足规范要求。燃油舱柜、水舱、空舱的透气管引至开敞甲板。在燃油舱柜透气管端设有带防火网的空气管帽。

所有箱、柜上均在易于观察处设置有带护罩的液位计或自闭式液位阀。

各油、水舱、空舱均设有测深管，在测深管下端底板上焊接 ϕ100mm×10mm 的钢板 1 块；布置在舱底的测量管上端均设有自闭式测深阀，并略高出花钢板。全船注入、透气、测量管系布置如图 3-28 所示。

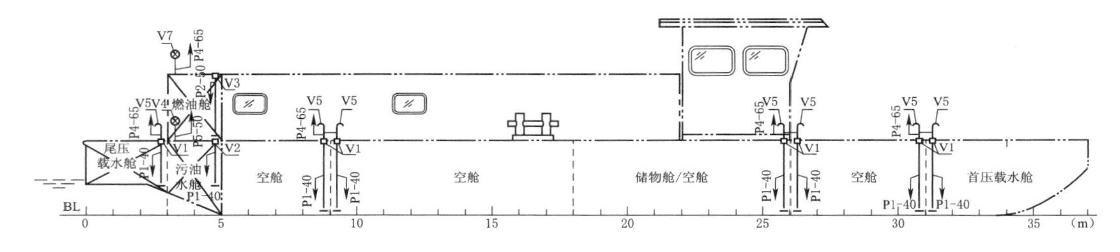

图 3-28 全船注入、透气、测量管系布置图

P1—测深管；P2—燃油舱注入管；P4—空气管；P5—空气管；V1—测探头；V2—测探兼注入头；V3—注入头；V4～V7—空气管头；V8—自闭式液位计

3.6.5 供水系统

本系统设有淡水舱 1 个，淡水手摇泵 1 台。淡水手摇泵从淡水舱内吸水泵至主机、发电机组、泥泵柴油机膨胀水箱内。供水管系布置如图 3-29 所示。

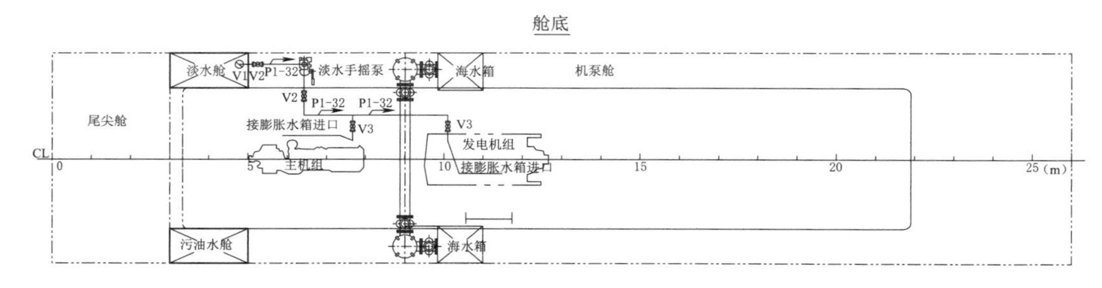

图 3-29 供水管系布置图

V1—吸入口；V2、V3—截止阀

3.6.6 通风和空调系统

机泵舱设机械送风、抽风机组，其换气次数大于 35 次/h。通风机通过风管将空气送至各处所。所有风机均设有有效的关闭装置，风机进口处设有滤网。风机可在机泵舱内启动和停止，并可在机泵舱外遥控停止。机泵舱通风管系布置如图 3-30 所示。

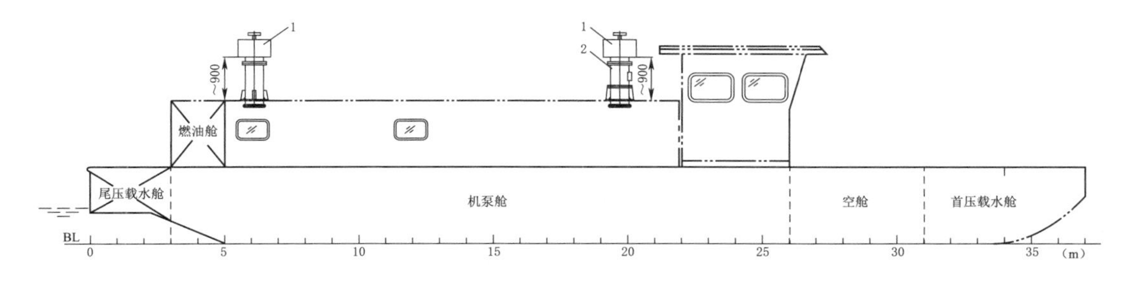

图 3-30 机泵舱通风管系布置图

1—菌形通风头；2—机舱通风机

对全船未设机械通风的舱室，根据不同的情况选择菌形、鹅颈式或挂壁式抽风头进行自然通风。

本船在操纵室设有 1 台冷暖型分体空调装置。

3.6.7 防污染系统

机泵舱内设有 1 台污油水手摇泵及 1 个污油水舱。含油舱底水用污油水手摇泵泵至污油水舱内，再经过舱底水舱手摇泵排至污油桶，再由人工提到岸上集中处理。

全船垃圾应储存在垃圾收集装置中，定期由船/岸有关部门予以接收。不应排往水域。

本船选用的活动式垃圾收集装置应有足够强度的内衬，船上放置时应能在船舶摇晃时不发生倾覆，并采取适当的固定措施。

船舶垃圾分为厨余垃圾、可回收垃圾、有害垃圾、其他垃圾，并加上图示、颜色等标识。

船上配备 4 个垃圾收集装置（带盖垃圾桶每个约为 100L），按四种分类分别放置在主甲板上，并配置一定数量的垃圾手提袋。

垃圾应分类收集，并应遵守港口所在地有关部门的规定。

垃圾收集装置的布置不应对人员通过、逃生等造成不利影响。

垃圾收集装置应位于通风良好的位置，应尽可能地远离居住地、餐厅、厨房等处所。

储存船舶垃圾的处所应配有便携式灭火器。

船上应设置告示牌以便船员了解关于船舶垃圾处理的规定，告示牌的规格、内容及安装位置应符合中国海事局的有关规定。

船上应备有一份经中国海事局认可的垃圾记录簿，以记录每次排放作业情况。

油污水管系布置图如图 3-31 所示。

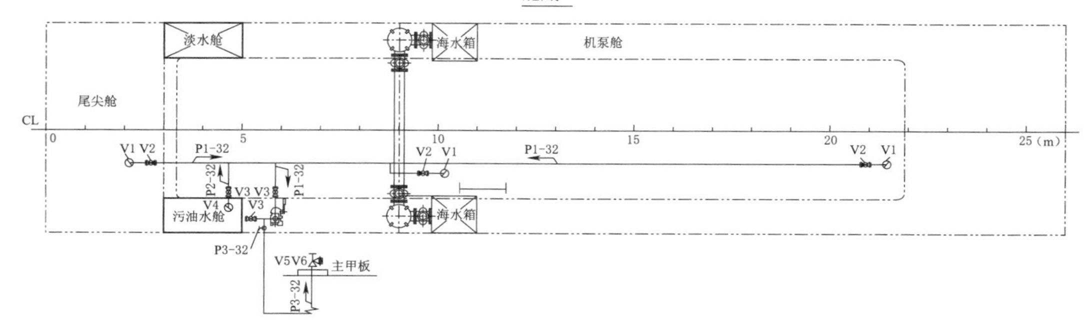

图 3-31　油污水管系布置图

V1—吸入滤网；V2—截止止回阀；V3—止回阀；V4—吸入口；V5—截止阀；V6—油污水排放接头；
P1—舱底水管；P2—舱底水舱出水管；P3—舱底水排岸管

3.6.8　管路系统及工艺

所有管路、阀门、旋塞、法兰、螺栓、螺母及其他附件必须符合相关标准要求。法兰密封垫圈均采用橡胶垫圈或夹不锈钢片的石墨垫圈。管路通常采用法兰连接，通径在DN20以下的管子可用螺纹接头或卡套接头，所有管法兰焊接必须采用双面焊。管路设计中允许使用盲板，使两个系统单独使用时隔开。在管路设计中根据需要设置一定数量的放水、放气和放油塞，并设有足够数量的管夹牢固地固定管子。管子尽可能使用订货长度，根据用途的不同，管壁的厚度应满足中国船级社（CCS）规范要求。对于需要镀锌的管路，原则上要求在放样、机加工以及和法兰焊接完毕后再进行镀锌，镀锌厚度应符合中国船级社（CCS）规范要求，然后方可上船进行对接安装。但在船上装焊的套管焊接接头和通舱管件的法兰焊接处，允许在焊接后涂以富锌漆。

管路尽量按直线布置，并应采取适当措施补偿可能因热膨胀或船体结构变形而引起的附加应力。在通常情况下，钢管的弯曲半径不得小于两倍的钢管直径，如果小于此数，建议用成型弯头。有色金属管不可直接连接于船体。管子在安装前必须进行清洁，油管一般要进行稀酸清洗和涂油。管子在船上安装后，泥泵柴油机、柴油发电机组的燃油管路、滑油管路和液压管路都必须用油清洗。管子在弯曲和法兰焊接后必须根据规范要求进行水压试验，装船后应进行系统压力或密性试验，有缺陷的管子必须及时更换。

海水箱的有效面积应不小于进水阀流通面积的3倍。

花纹钢板下面的管路和阀件表面涂两道防锈漆。管路上船后按规定的要求涂色漆，各类介质的管路用缠绕色带加以辨认，介质显示色按照GB 3033.2《船舶与海上技术　管路系统内含物的识别颜色　第2部分：不同介质和（或）功能的附加颜色》要求，穿过舱壁的通舱管件两侧管段要缠绕色带，管路要用介质流向箭头标示。

3.6.9　备件和工具

各设备备件除按制造厂标准提供外，还应满足中国船级社（CCS）相关要求。

各设备专用工具按制造厂标准提供。

通用工具和物料按船厂标准提供，并经船东认可。

3.6.10　其他轮机设备

在机舱内设有起吊葫芦，供设备检修起吊之用。所有设备的备品、备件按中国船级社（CCS）规范及设备制造厂标准供应。

柴油机及发电机等重要设备的安装工艺按设计图纸及生产厂家相关技术资料的要求执行。

管系施工按 CB* /Z 345—1985《船舶管系布置和安装通用技术条件》执行。

3.7　船舶电气系统布置

3.7.1　电源设备

1. 发电机组

在机泵舱设 24kW、400V、50Hz 发电机组 1 台，供全船设备用电。

2. 变压器

在机泵舱设变压器 1 台，参数为 10kV·A、400V/230V、三相 50Hz，为照明、助航设备、控制设备等提供 220V AC 电源。

3. 蓄电池及充电器

本船设置 1 组蓄电池作为本船低压电源，蓄电池组由 2 只免维护蓄电池组成，参数为 24V DC，200A·h，供全船低压照明、信号灯、操纵控制等设备用电。配充电器 1 台，输入交流 1～220V，输出 24V DC，20A，用于柴油机启动蓄电池的补充充电。

4. 岸电箱

主甲板设 400V AC，20A 三相岸电箱 1 只，具有相序指示器、过载及短路保护、手动换相等功能，通过柔性电缆将船体上接线柱与岸地接线柱连接在一起。配备岸电电缆 50m，用于停靠码头接岸电。

5. 电源设备设计图

电源设备布置图如图 3-32 所示。

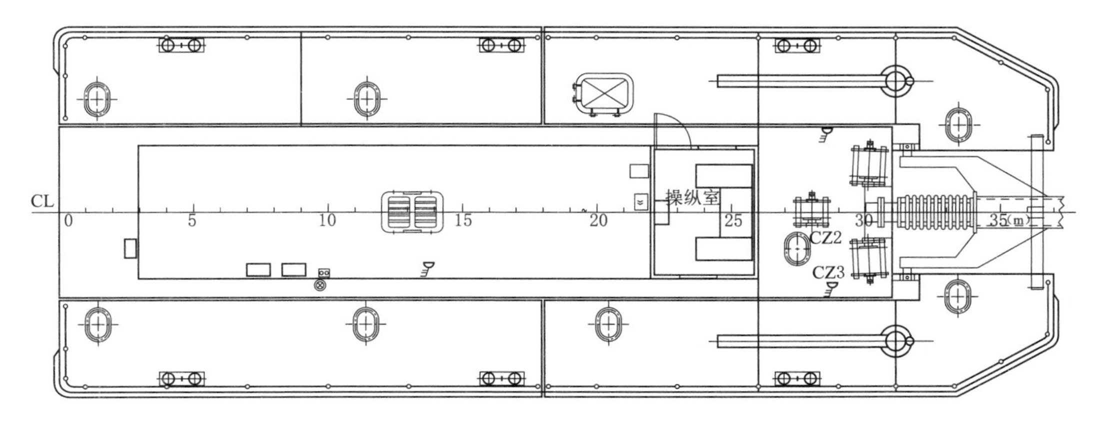

图 3-32　电源设备布置图

3.7.2 配电设备

1. 配电设备接线图

配电设备接线图如图 3－33 所示。

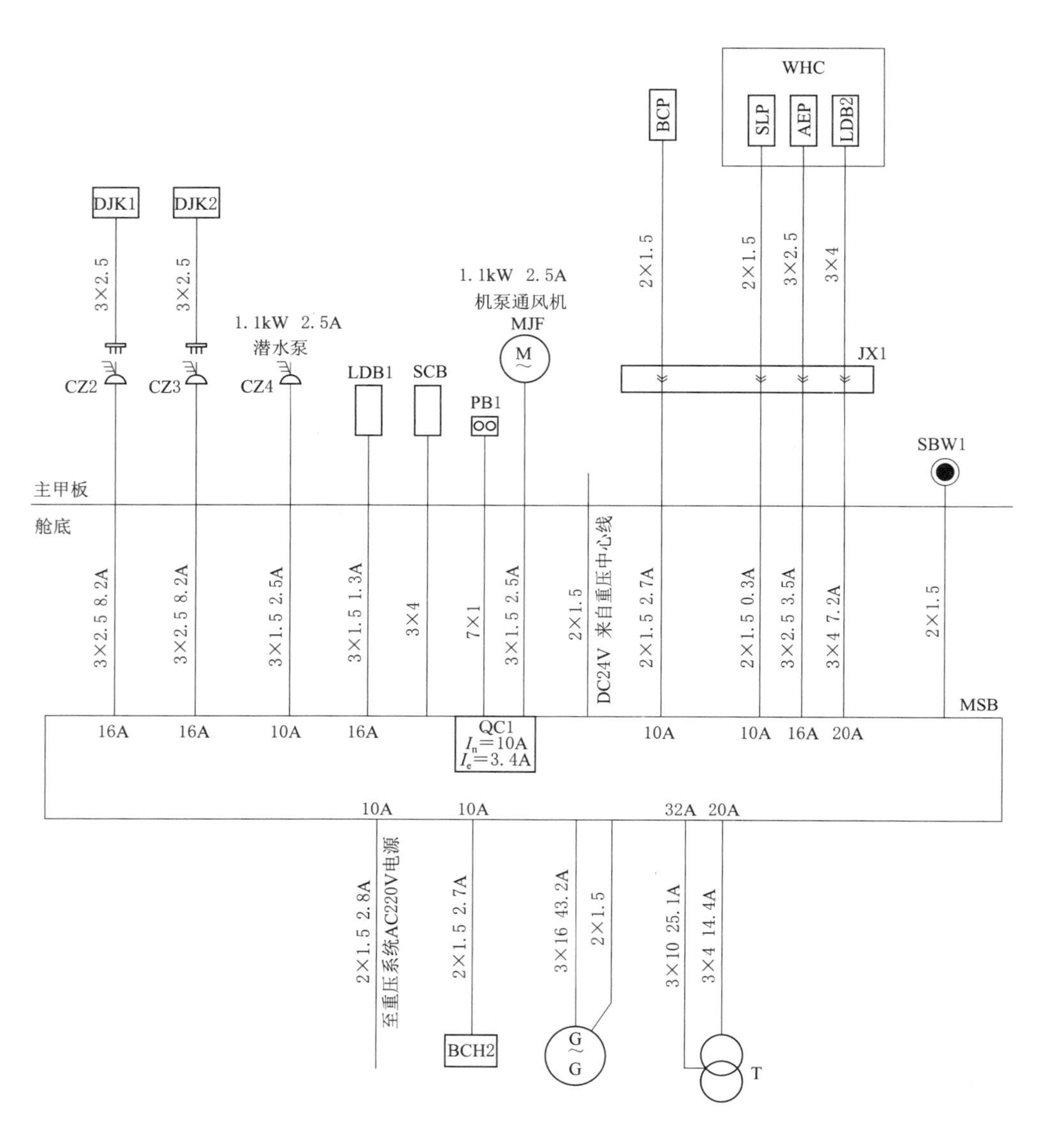

图 3－33 配电设备接线图

2. 主配电板

在机泵舱设防滴两屏壁挂式配电板一块，尺寸为 1000mm×1300mm×400mm，钢质结构。

发电机控制屏设有检测发电机的电压表、电流表、频率表、绝缘监测仪等仪表，以及转换开关、指示灯、按钮等，各种仪表的误差在 1.5％以内。发电机主开关由 NSX100F 63A 塑壳断路器与 DB－A 型多功能保护器组成，其具有过载长延时保护、短路保护和欠压保护等保护功能。负载屏设置负荷开关及组合启动单元。主配电板单线图如图 3－34 所示。

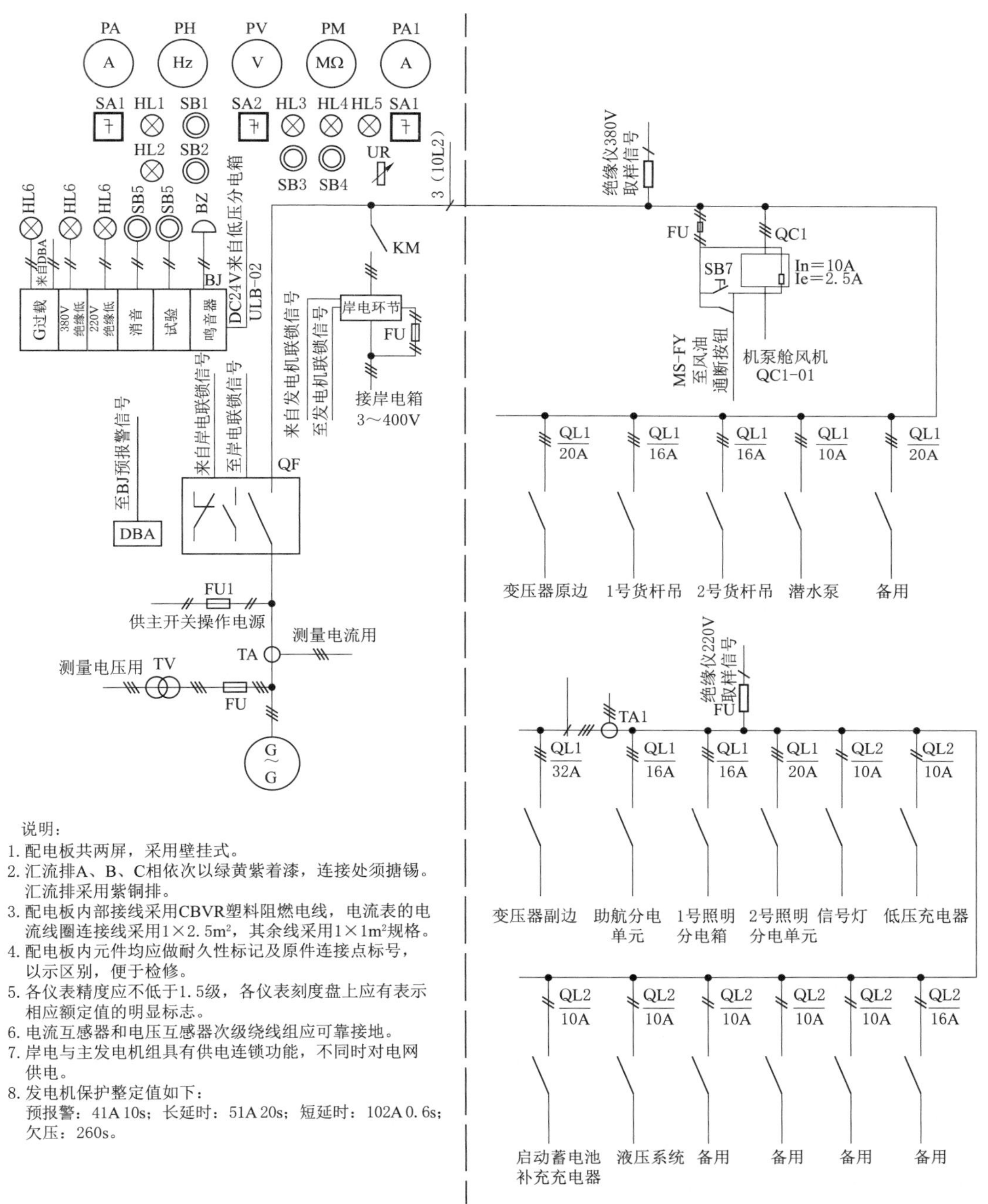

图 3－34　主配电板单线图

3. 低压充放电板

在操纵室设防滴壁挂式低压充放电板 1 块，该板设有测量充放电的电流表、电压表，绝缘检测指示灯、按钮等。充电电源 220V AC 从主配电板供，对低压用电设备提供 24V DC 电源。低压充放电板原理图如图 3 - 35 所示，系统图如图 3 - 36 所示。

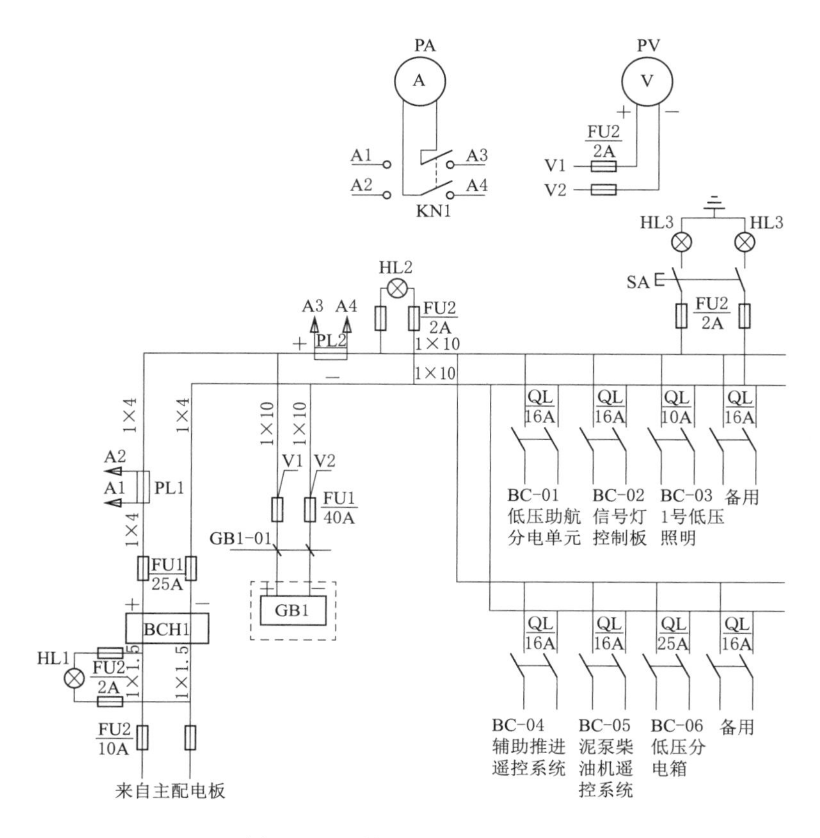

图 3 - 35 低压充放电板原理图

4. 分电箱

机舱棚设置照明分电箱 1 只。集中控制台设置照明分电单元、220V AC 助航分电单元、24V DC 助航分电单元各 1 套。

3.7.3 电力设备及控制装置

本船各类动力设备的电动机均采用船用电动机。在露天甲板的电动机防护等级为 IP56，其他电动机的防护等级为 IP44。

机泵舱设有风机，由主配电板上组合启动单元控制。货杆吊、液压系统控制设备由设备随机配套。辅助推进系统包括挖泥操纵控制系统、显示报警系统，由轮机专业随设备配套配置。泥泵柴油机的启动、停车在机泵舱操纵，可在操纵室内紧急停车，调速、齿箱离合可在操纵室和机旁执行。在操纵室操纵台上至少可实现如下功能：泥泵柴油机紧急停车；泥泵柴油机转速指示；泥泵柴油机滑油低压报警；泥泵柴油机冷却水温度高报警；泥

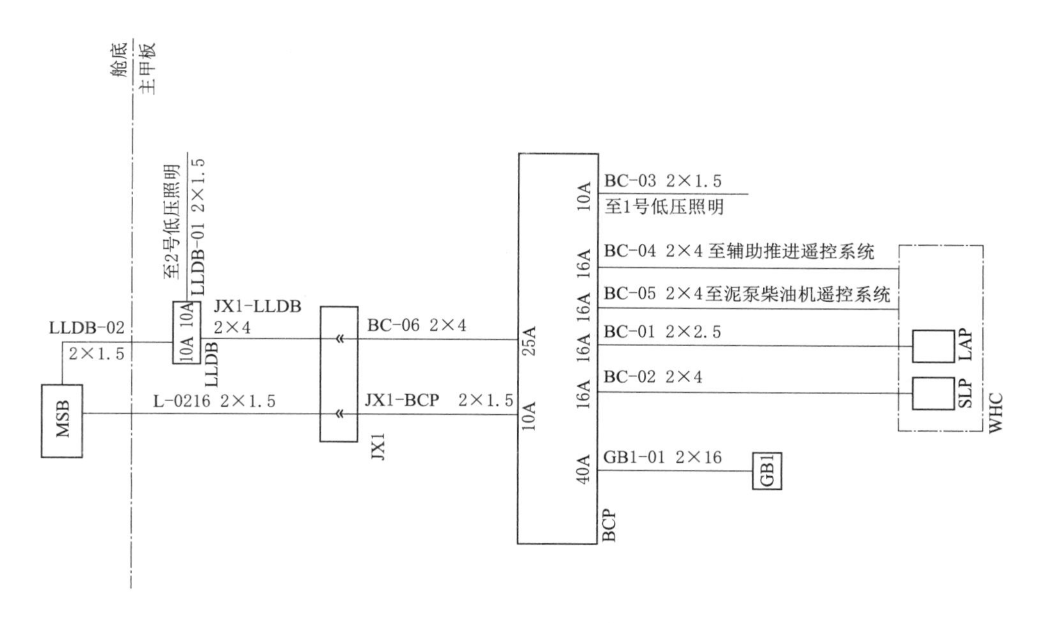

图 3-36 低压充放电板系统图

泵柴油机超速报警；泥泵齿轮箱离合操纵控制；泥泵齿轮箱报警（滑油低压报警、滑油高温报警）；泥泵转速指示；泥泵排压压力显示；泥泵真空压力显示。

3.7.4 操纵室集中控制台

操纵室前部设集中控制台 1 座，为落地自立式，其外形由厂家根据操纵室尺寸及外形合理设计，布局满足船舶操纵要求。

根据本船各系统配备，控制台主要包含如下各单元：辅助推进系统操纵、显示报警单元（轮机配套）；泥泵柴油机操纵、显示报警单元（轮机配套）；液压系统操纵、显示报警单元（液压系统配套）；信号灯控制板（本台配套）；220V AC 助航分电单元（本台配套）；24V DC 助航分电单元（本台配套）；照明分电单元（本台配套）；投光灯控制开关单元（本台配套）；广播单元；VHF（甚高频）无线电话单元；雨刮器控制板单元；声力电话单元。

3.7.5 照明系统

1. 照明系统布置

照明系统布置图如图 3-37 所示。

2. 正常照明设备

机舱棚设 LED 舱顶灯，操纵室设 LED 蓬顶灯，底部机泵舱、室外走道设 LED 舱顶灯，1 号和 2 号照明系统如图 3-38 和图 3-39 所示。

3. 投光灯

在顶棚甲板设投光灯 4 盏，用于夜间作业时照明。

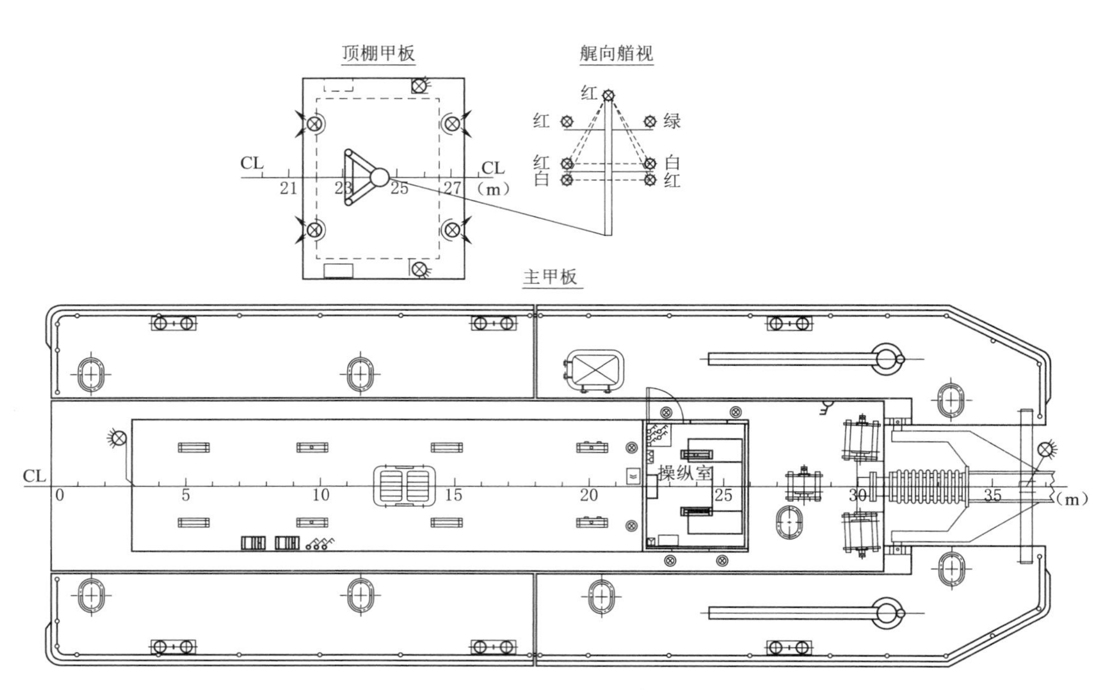

图 3-37 照明系统布置图

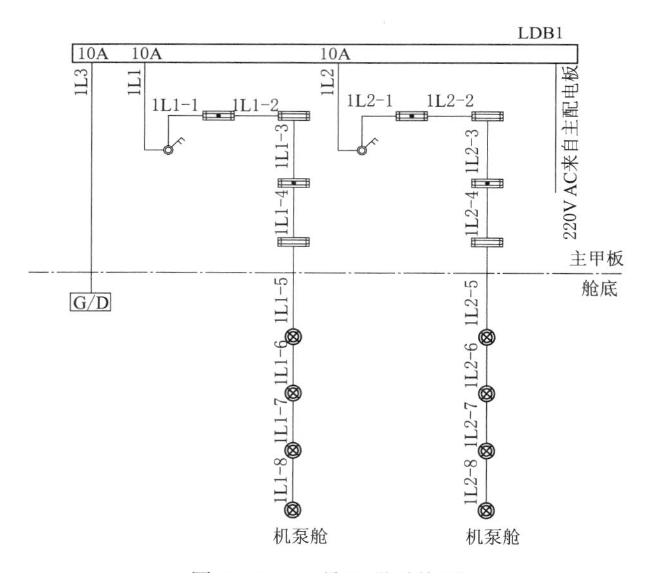

图 3-38 1 号照明系统图

4. 信号灯

信号灯按内法规自航船要求配备，设有左舷灯、右舷灯、艉灯、船艏灯各 1 只，信号灯 7 只（4 红、2 白、1 绿）。

5. 低压照明设备

在机泵舱、操纵室、室外走道处设有低压照明设备。低压照明系统如图 3-40 所示。

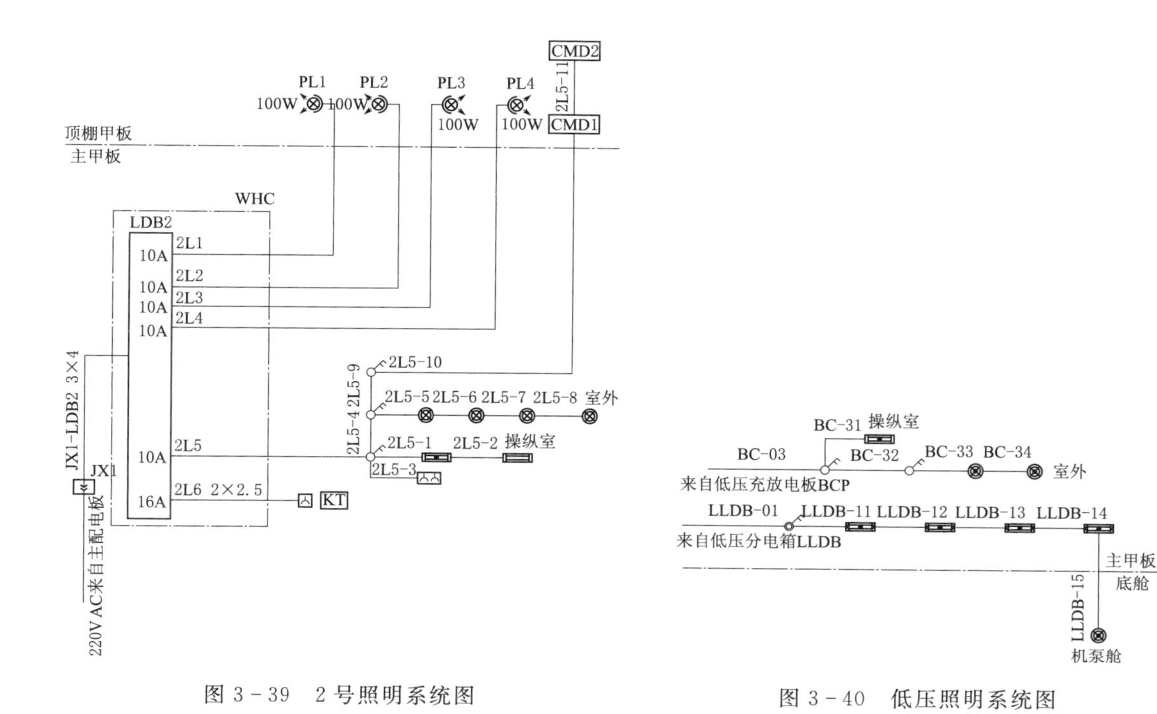

图 3-39　2 号照明系统图

图 3-40　低压照明系统图

3.7.6 助航设备

操纵室对机泵舱设置直通声力电话 1 套。操纵室前窗设刮雨器 1 套。助航设备布置图如图 3-41 所示，系统图如图 3-42 所示。信号灯系统图如图 3-43 所示，信号设备布置图如图 3-44 所示。

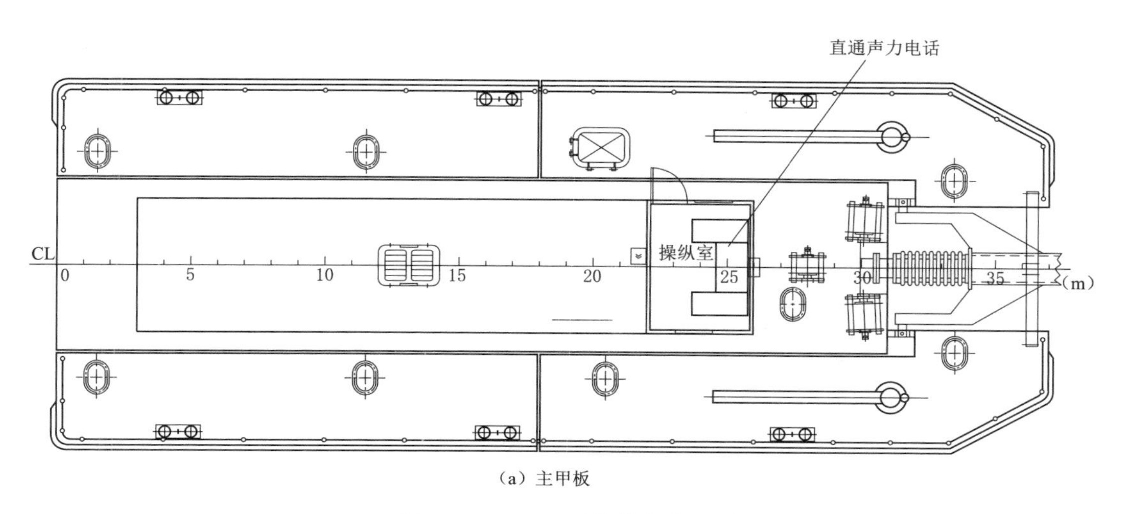

(a) 主甲板

图 3-41（一）　助航设备布置图

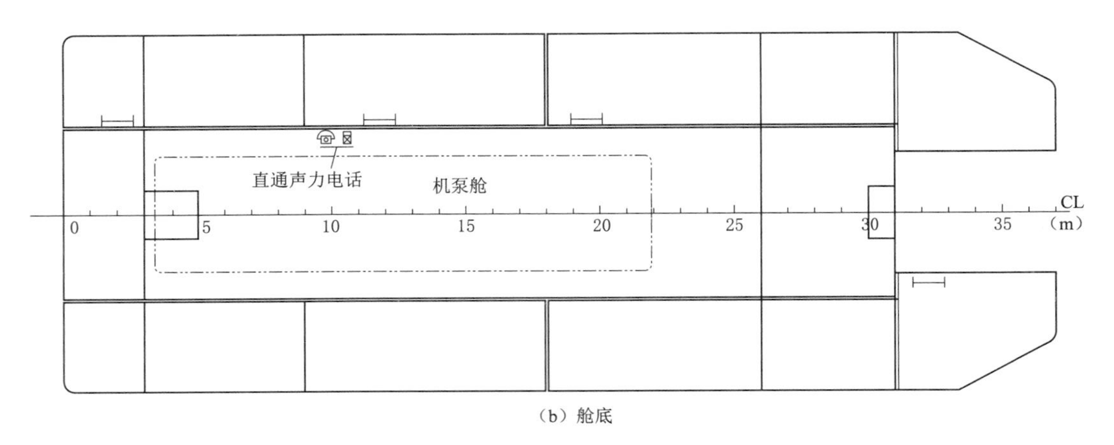

（b）舱底

图 3－41（二） 助航设备布置图

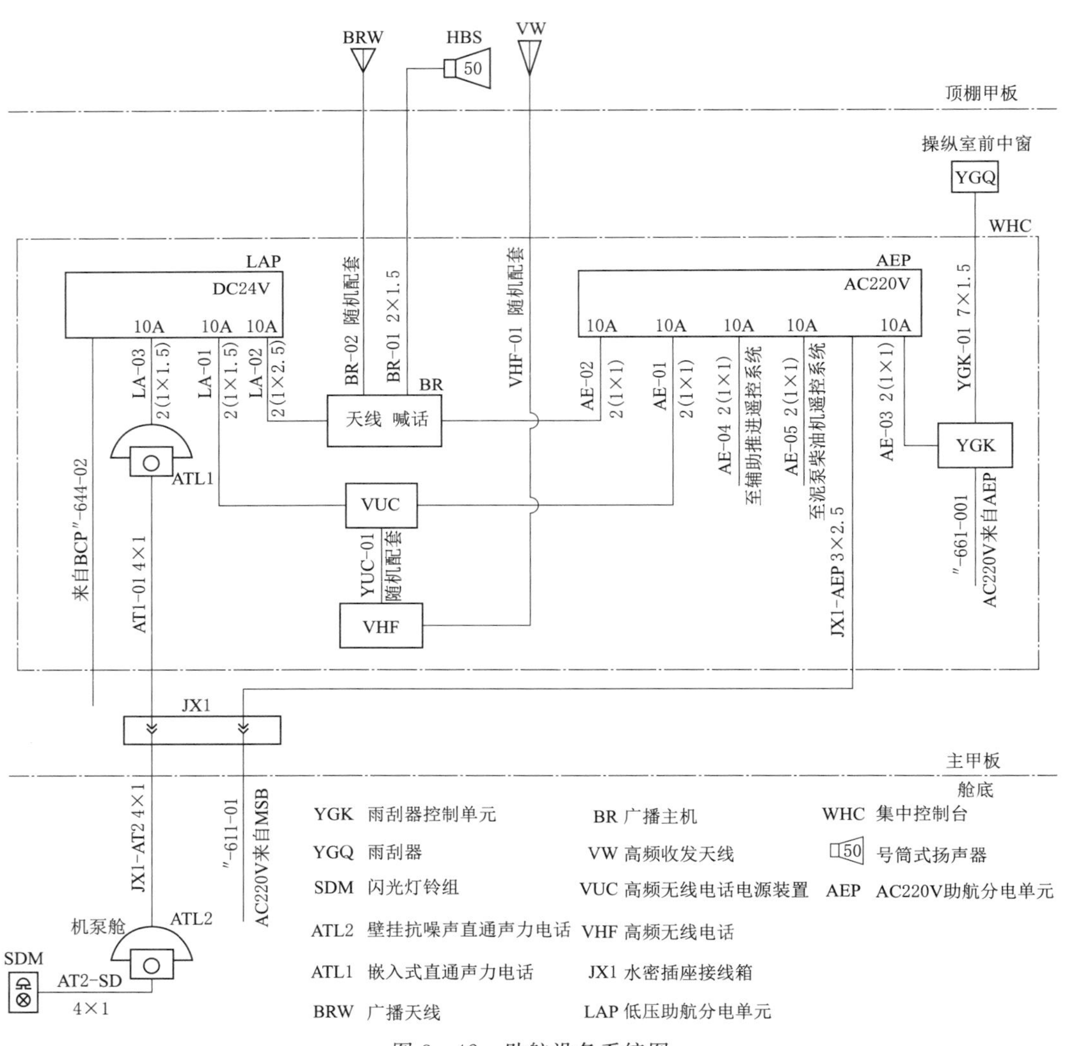

图 3－42 助航设备系统图

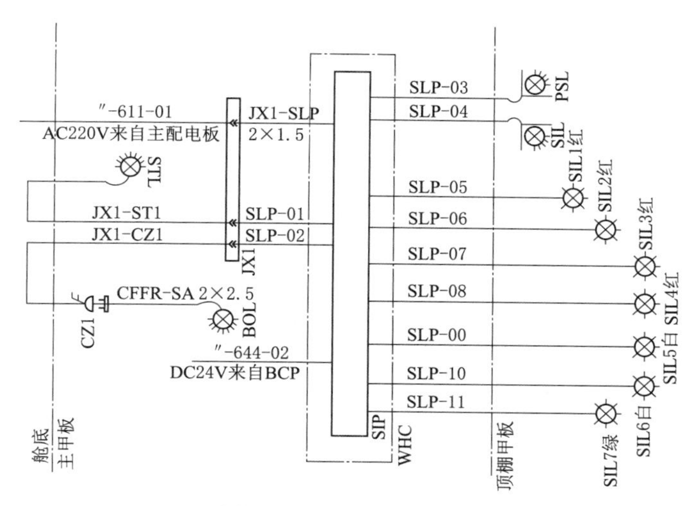

图 3-43　信号灯系统图

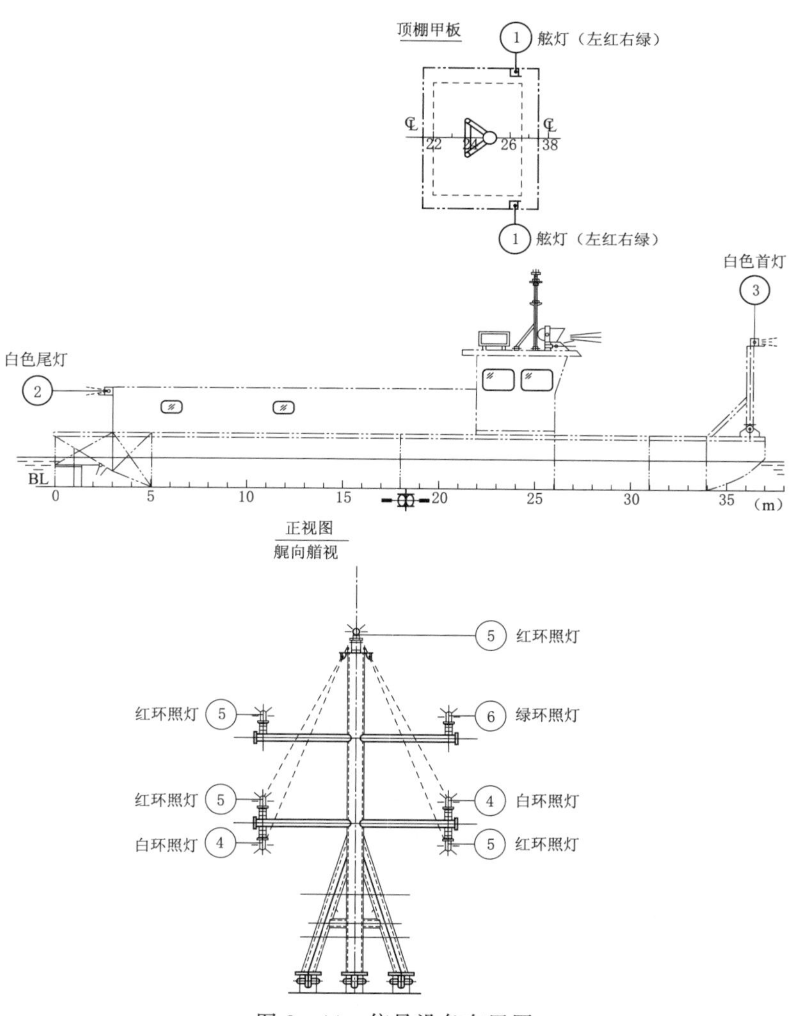

图 3-44　信号设备布置图

3.7.7 无线电设备

本船无线电设备配备如下：

(1) 甚高频无线电话 1 套。

(2) 定压 120V，50W 广播系统 1 套，顶棚甲板设 50W 喊话扬声器 1 只。

3.7.8 电缆

本船电力、照明电缆 CEF82/SA 型船用成束阻燃电缆。所有电缆上船安装均应按照《船用电缆敷设工艺》标准的要求进行，并满足相关法规要求。

电力及照明电缆的最小截面积应不小于 $1mm^2$，通信及控制信号电缆最小截面积应不小于 $0.75mm^2$。

电缆的走线应尽可能平直和易于检修，电缆应有效地加以支承和紧固。

电缆或电线的敷设应使其免受机械损伤和防止水、油的腐蚀。

容易受到机械损伤的电缆，应用金属缆槽、罩壳或钢管来保护。

穿过各层甲板或水密隔舱壁及不同等级防火区域需隔堵的电缆，均要求使用防火堵料密封处理来保证原有防火、防水和强度等的性能。

本船考虑船舶需拆卸运输的要求，在主甲板设两个非标准型防水插座接线箱，需要拆卸的电缆分为电源电缆、控制电缆两部分，分别从接线箱进行连接，并且在船舶所有待拆卸部分的电气设备的电缆均采用船舶拆卸插座连接，以便船舶在重新组装时电缆接线准确、方便。

施工时两端做好标记，以便拆卸后连接方便。同时电缆敷设考虑预留余量。

3.7.9 避雷与接地

本船桅杆上按规范要求设置避雷针，避雷针顶端高出桅顶或桅顶上的电气设备的距离应不小于 300mm，避雷针采用 CEFR/SA 1X70 软电缆与船体可靠电气连接。

除电气设备的金属外壳及带电部件以外的所有可接近金属部件，除直接紧固在船体的金属结构上或紧固在与船体金属结构有可靠电气连接的底座上外，均要设专用导体进行可靠接地，接地材料及截面积均应符合规范要求。电缆的金属护套或金属外层应于两端作有效接地，但最后分路允许只在电源端接地。

3.8 小　　结

本章利用技术原理及适应性研究的结论，提出了水库大规模深水清淤设备的基本需求，分析了船舶配置特征，绘制了船舶总布置图，在此基础上对船体、舾装、电气等各个专业展开了详细设计，形成了适用于水库大规模深水清淤的专用设备。其在原理上可行，建造上具备生产指导价值，且完成了符合船级社规范要求的水库大规模深水清淤专用设备全套技术方案和图纸制作。

第4章　清淤船清淤系统设计

清淤工程中使用的泥泵是固液两相流泵的一种应用形式，也是清淤船的关键设备之一。清淤泥泵抽送泥浆的浓度较高，泥泵扬程和效率普遍下降，过流部件的磨损也十分严重，清淤施工效益受到很大影响。需要着重指出的是清淤工程中抽送的泥浆与浑水有很大的区别，前者的含沙量几倍甚至几十倍于浑水的含沙量。高浓度泥浆的流动状态及输沙特性与浑水有很大的不同，高浓度泥浆不仅表现出非牛顿流体的特性，同时大量颗粒的存在也会影响液相的流动特性，后者的变化又会反过来影响颗粒的运动。又由于清淤土质分类范围比较广，包含淤泥、黏土、泥沙、砾石甚至大块的珊瑚、碎石土等。土质特性差异很大。因此清淤泥泵的设计较之其他浑水泵的设计要求更高。

本书通过对清淤船清淤系统进行研究，选择适合深水水库清淤特点的清淤系统。

4.1　特　性　分　析

20世纪50年代起，我国开始进行泥泵的自主设计。由于起步晚，技术封锁等原因，我国泥泵的研制在很大程度上依赖于清水泵的设计经验，并通过试验检验设计产品的好坏，这大大增加了产品的研发周期，提高了研发成本。计算机技术以及计算流体力学的不断发展，大大缩短了泥泵的研发周期，设计人员能够更好地研究泥泵性能的影响因素。

泵内部流动是一个非常复杂的状态，存在汽蚀、空化等问题。虽然国内外众多工程师和学者对泥泵的结构、内部流体运动等进行了许多相关研究并且取得了一定成果，但都只是定性研究，如何通过结构和工作参数的设计优化泥泵的工作性能仍然是一个巨大的难题。

现代泥泵从离心式水泵发展而来。土壤种类千差万别，清淤物中也可能存在各种废弃物，因此泥泵必须适合输送沙水混合物而不是水。泥泵和水泵在特性上的差别在于泥泵的内径大，叶片数少，边壁更厚，以及水力设计时没有限制。

4.1.1　泥泵的性能要求

根据本书的设计方案，泥泵的性能参数提出了以下要求：

(1) 挖深：最大挖深50.0m，最小挖深10.0m。

(2) 排泥距离：标准排距为2500m。

(3) 生产率：2500m^3/h，在泥泵有效工作时间内计算（挖深50m、排距2500m排高4m，土质：中细砂 $d_{50\%}=0.23$mm）。

4.1.2 泥泵适用的泥土特性

本船挖泥性能计算按照下列泥土特性得出：密实中细砂（不黏），粒径分布为：中径 $d_{10\%}=0.31\text{mm}$，中径 $d_{50\%}=0.23\text{mm}$，中径 $d_{90\%}=0.168\text{mm}$。淤泥含量为 0°，原状土密度为 1950kg/m^3（砂细孔中充水）。

4.2 叶 轮 设 计

叶轮是泥泵的核心工作部件之一，其结构好坏直接影响到整个泵体的水力性能，众多学者也纷纷对其进行了研究和分析。

随着叶片出口角度增大，泵的性能曲线变得平坦和顺滑，扬程有了一定的提高，但水力效率降低。当泵处于大流量的非设计工况点时，扬程在大流量下增量很多，在小流量下则增加量很少。叶轮的旋转角度大小对泵内部流动的稳定性有很大的影响，此外泵侧腔处的不定常流也对泵的性能有较大影响。

泥泵的结构对泵的性能影响很大。例如叶轮结构对泥泵内部的回流、汽蚀问题，泵壳的隔舌对泵在工作过程中的震颤问题，以及泥泵密封问题对泵效率的影响。

4.2.1 叶轮的分类

叶轮的形式有很多种，其中按照叶轮机构分类，可分为闭式叶轮、半开式叶轮以及开式叶轮三种形式。

1. 闭式叶轮

闭式叶轮由叶片以及前、后盖板组成。由于闭式叶轮的流道由前、后盖板以及叶片形成一个单向封闭通道，所以其工作效率较高，但因其由三部分组成且都是曲面零件，所以制造难度较大。闭式叶轮在输送过流物质时效率较高，因此应用最为广泛。

2. 半开式叶轮

半开式叶轮的结构一般有两种。第一种为前半开式结构，由后盖板和叶片组成，效率较低，需采用可调间隙的密封环通过合理调整间隙大小以提高工作效率。第二种为后半开式结构，由前盖板、轮毂和叶片三部分组成。由于密封时可以采用与闭式叶轮相同的密封环，因此效率与闭式叶轮基本相同。半开式叶轮适用于输送含有纤维等悬浮物的液体。相比于闭式叶轮，半开式叶轮少了一个加工零件，降低了制造难度和生产成本。此外它具有较强的适应性，在炼油、化工方面的应用逐渐增多，并且能够兼顾清水和近似清水的液体的输送。

3. 开式叶轮

开式叶轮主要由叶片及叶片加强筋组成，叶片为主要工作零件，加强筋是为了保证叶片在工作中的使用寿命和工作强度。和闭式叶轮相比，开式叶轮没有前、后盖板，整个流道都是开放的，因此效率低，应用较少，主要用于输送黏度较高的液体和浆状液体。

常见叶轮的结构如图 4-1 所示。

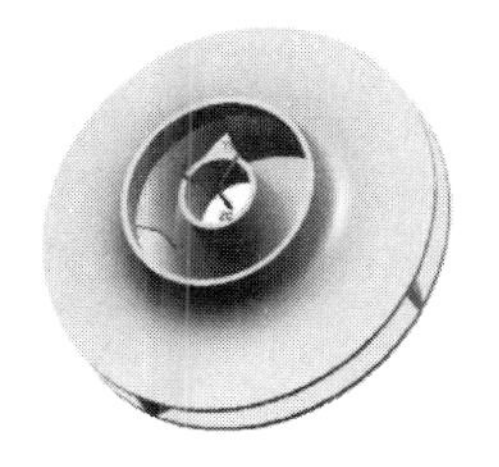

(a) 闭式叶轮

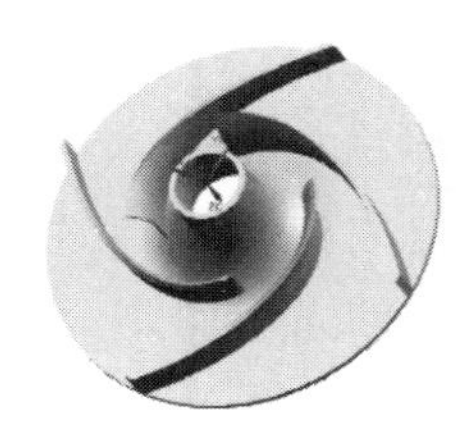

(b) 前半开式叶轮

(c) 后半开式叶轮

(d) 开式叶轮

图 4-1 常见叶轮的结构

4.2.2 叶片的分类

根据流动角的不同，叶片可分为后弯、径向和前弯三种，如图 4-2 所示。

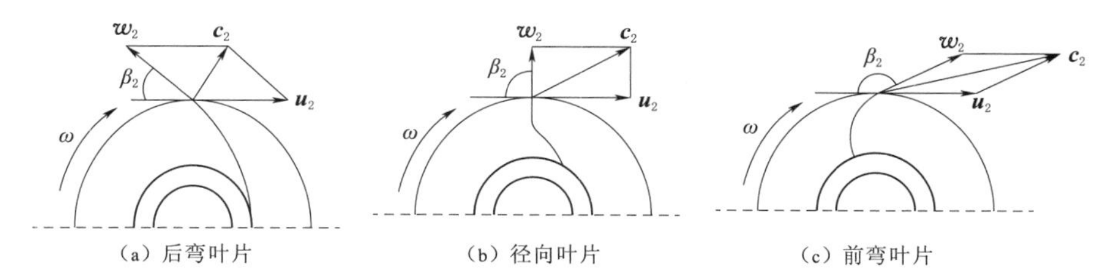

(a) 后弯叶片 (b) 径向叶片 (c) 前弯叶片

图 4-2 叶片形状及出口速度三角形

w_2—相对速度（沿叶片方向）；u_2—相对速度（沿旋转的切向）；

c_2—绝对速度（合成速度）；β_2—叶片出口角；w—旋转角速度

变形后的泥泵基本方程式为

$$H_{t\infty}=\frac{u_2^2}{g}-\frac{u_2\cot\beta_2}{g\pi D_2 b_2}Q_r \tag{4-1}$$

式中 $H_{t\infty}$——泥泵的理论扬程；

u_2——叶片出口圆周速度；

D_2——叶轮直径；

b_2——叶轮出口宽度；

Q_r——泥泵的理论流量；

β_2——叶片出口角。

由式（4-1）可知，当叶轮的直径、出口圆周速度、叶片出口宽度及理论流量一定时，泥泵的理论扬程随叶片的形状而变。具体的变化见表 4-1。

表 4-1 叶片形状与扬程的关系

叶片分类	β_2	$\cot\beta_2$	$H_{t\infty}$
后弯叶片	$<90°$	$>0°$	$<h_2^2/g$
径向叶片	$=90°$	$=0°$	$=h_2^2/g$
前弯叶片	$>90°$	$<0°$	$>h_2^2/g$

由表 4-1 可见，前弯叶片的泥泵的理论扬程最高。但是实际工作的泥泵多采用后弯叶片，主要是因为泥泵的理论扬程（$H_{t\infty}$）是由静扬程（H_p）和动扬程（H_c）两部分组成，而在输送液体时，希望更多获得的是静扬程，而不是动扬程。虽然在蜗壳与叶轮之间有一部分的动扬程将转换为静扬程，但当液体流速过大时将会产生较大的能量损失。理论扬程中静扬程和动扬程的比例随 β_2 的大小而变，如图 4-3 所示。从图中可以看到，随着 β_2 的不断增大，$H_{t\infty}$ 也在不断增大；但 H_p 随 β_2 的变化不是线性变化。当 $\beta_2 < 90°$ 时，H_p 随 β_2 的增大而增大，且 H_p 在 $H_{t\infty}$ 中占较大的比例；当 $\beta_2 = 90°$ 时，H_p 和 H_c 所占的比例大致相当；当 $\beta_2 > 90°$ 时，H_p 所占比例较少，大部分是 H_c，而且当 β_2 增加到某一值后，$H_p = 0$，此时 $H_{t\infty} = H_c$。由此可知，当 $\beta_2 > 90°$ 时，不仅静扬程比后弯叶片的低，而且如果当液体的叶轮出口绝对速度 $\boldsymbol{c}_2$ 较大时，液体在泵内更容易产生涡流，从而增加能量的损失。因此为了提高泥泵的经济指标，宜采用后弯叶片。

4.2.3 叶片参数

叶片的参数包括叶片数量、叶片进口角 β_1、出口角 β_2 等。这些参数对泵的性能的影响很大，图 4-4 为叶片进、出口角示意图，从式（4-1）和图 4-3 了解到叶片出口角对泵扬程的影响。对于叶片进口角这一参数，在设计时通常比进口相对液流角要大，即 $\beta_1 > \beta_1'$，正冲角 $\Delta\beta = \beta_1 - \beta_1'$，而且冲角取值一般为 $\Delta\beta = 3° \sim 10°$。这是因为通过理论和实验研究发现采用正冲角能在确保对泵性能影响不大的前提下，提高泵的抗汽蚀性能。通过总结发现如下结论：

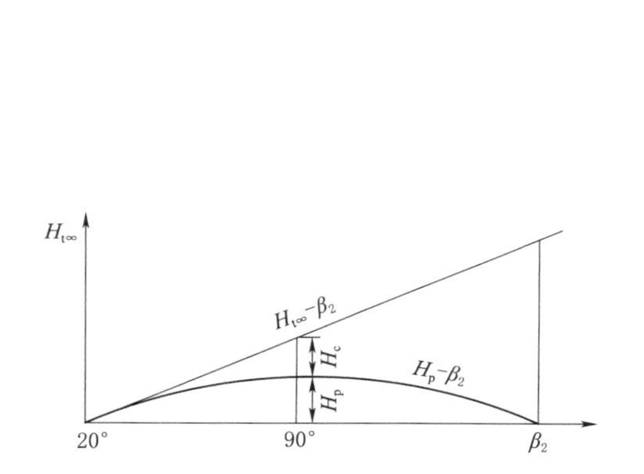

图 4-3　$H_{t\infty}$、H_p 和 β_2 之间的关系曲线

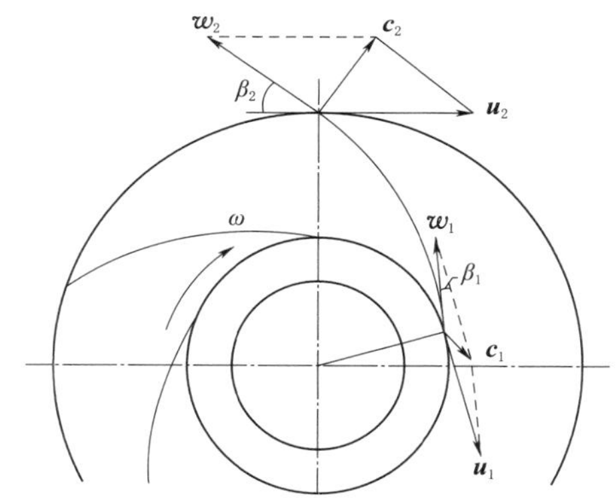

图 4-4　叶片进、出口角示意图

（1）增大叶片进口角可以减小叶片的弯曲度，增大叶片进口过流面积，减小叶片的排挤。而叶片进口角、叶片弯曲度、叶片进口过流面积等都将减小叶片进口角绝对速度 $\boldsymbol{c}_0$ 和叶片进口相对速度 $\boldsymbol{w}_0$，从而提高泵的抗汽蚀性能。

（2）采用正冲角，在设计流量下，液体在叶片进口背面产生脱流。因为背面是叶片间流道的低压侧，该脱流引起的旋涡不易向高压侧扩散，因而旋涡被控制在局部范围内，对汽蚀的影响较小。反之，负冲角时液体在叶片工作面产生旋涡，该旋涡易于向低压侧扩散，对汽蚀的影响较大。由图 4-5 可见，正冲角在一定范围内变化时，压降系数 λ 保持不变；而在负冲角时，λ 变化很大。

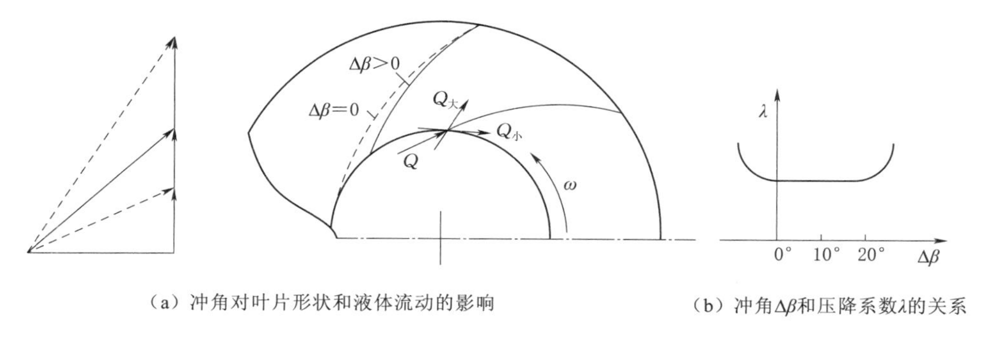

(a) 冲角对叶片形状和液体流动的影响

(b) 冲角Δβ和压降系数λ的关系

图 4-5　冲角对汽蚀性能的影响

(3) 泵的流量增加时，β_1 增大，采用正冲角可以避免泵在大流量下运转时出现负冲角。

叶片数对泵的扬程、效率、汽蚀性能都有一定的影响，在叶片数的选择时主要考虑两方面因素：①尽量减少叶片的排挤和表面的摩擦；②确保叶道的长度，从而保证液流的稳定性和叶片对液体的充分作用。

叶片数量对泵内部的流动有较大的影响，同时研究还发现叶片数量多的泵扬程相对较高，这是因为在计算理论扬程时是在理想情况下离心泵可能达到的最大压头。理想状态的条件有两个：①叶轮为具有无限多叶片的理想叶轮，因此液体质点将完全沿着叶片表面流动，不发生任何环流现象；②被输送的液体是理想液体，因此无黏性的液体在叶轮内流动时不存在流动阻力。

离心泵的理论压头就是具有无限多叶片的离心泵对单位重量理想液体所提供的能量。但无论从制造难易程度上，还是经济上，叶片数越多，制造难度和成本也越高。而且在输送固液两相的流体时需要考虑固体颗粒的尺寸问题，叶片数量也不能太少（特殊需要的除外），否则会造成脱流、回流等问题，如图 4-6 所示。

为减少回流现象，一般可以采用分流叶片对叶轮内部的流动性能进行改善，也对泵的扬程有一定的改善，如图 4-7 所示。

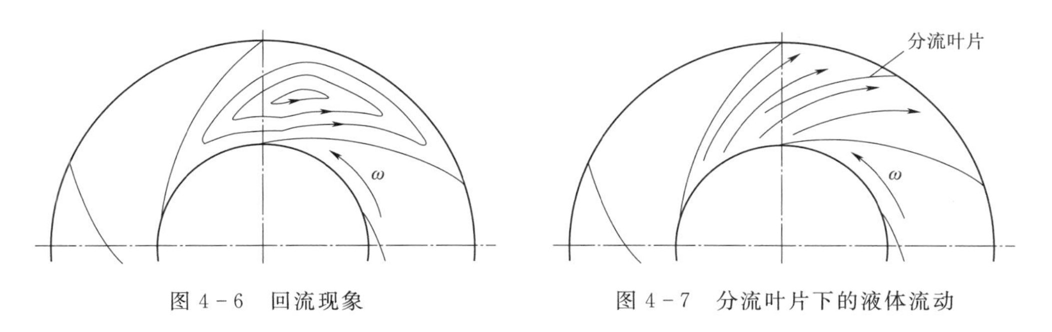

图 4-6　回流现象

图 4-7　分流叶片下的液体流动

4.3 压水室设计

4.3.1 压水室的分类和作用

压水室按结构分类主要可为分为螺旋形压水室（蜗壳）、环形压水室、导叶式压水室三类，其中导叶式压水室根据流动方式的不同还可以具体分为径向式、流道式和叶片式三种。螺旋形压水室和环形压水室的形状示意图如图 4-8 所示。

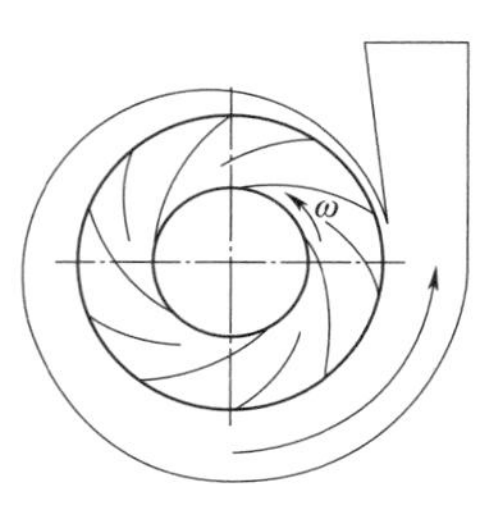

（a）螺旋形压水室

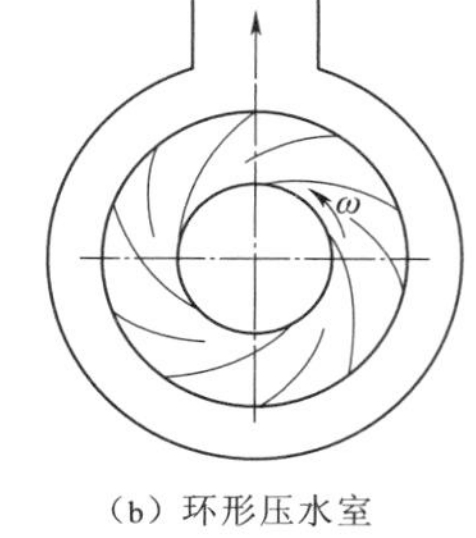

（b）环形压水室

图 4-8 压水室的基本形式

从水力方面看，螺旋形压水室中的流动比较理想，适应性强，效率高，范围宽。但从加工制造方面看，螺旋形压水室流道不能进行机械加工，尺寸形状、表面光洁度只能通过铸造来保证。环形压水室一般可以单独制造，并进行机械加工，但是在水力方面没有螺旋形压水室理想，在使用时大部分用于多级串联泵。

压水室主要作用如下：

（1）收集从叶轮中流出的液体，并输送到排出口或下一级叶轮吸入口。

（2）保证流体在流出叶轮时的流动是轴对称的，主要考虑使流体在叶轮内具有稳定的相对运动，还可以减少叶轮内部的水力损失。

（3）在压水室内没有了任何的原动力，液体因为摩擦和固体之间的相互碰撞而使得液流速度降低，使动能转换成势能。

（4）液体在叶轮中流动时是旋转运动，进入压水室在失去原动力后沿着压水室运动，不再有旋转运动，从而减少了因为旋转造成的不必要的水力损失。

4.3.2 螺旋压水室工作原理

压水室的工作原理为：旋转叶轮中的液体流出叶轮之后，在速度作用下进入一个由两个平行的平板组成的流道中，在理想状态下，液体在流道中受到壁面的黏性摩擦力是忽略不计的，在初始动能以及没有任何外力的作用下液流的运动遵守速度矩保持性定理，即

$$v_u = C(\text{常数}) \tag{4-2}$$

$$\tan\alpha = \frac{v_m}{v_u} = \frac{Q/2\pi Rb}{K_2/R} = \frac{Q}{2\pi b K_2} = \text{cosst}(\text{常数}) \tag{4-3}$$

式中 v_u——圆周分量速度；

v_m——轴面分量速度；

Q——流量；

b——压水室宽度；

R——涡轮半径；

α——液体流动方向和圆周方向的夹角。

在设计过程中，压水室的结构外形最好能够按照上面描述的液体流动规律进行设计，从而最大限度地保证流体的流动。流体单元在压水室内的流动轨迹可以根据数学公式进行描述，因为是沿着压水室的形状进行运动所以流体的运动轨迹与描述压水室形状的公式相同，螺旋线上任意点的坐标可以表示为

$$\tan\alpha = \frac{\mathrm{d}R}{R \cdot \mathrm{d}\varphi}$$

则

$$\frac{\mathrm{d}R}{R} = \tan\alpha \cdot \mathrm{d}\varphi$$

假设 $R=R_3$，则 $\varphi=0$，$D=D_3$，积分得

$$\int_{R_3}^{R} \frac{\mathrm{d}R}{R} = \tan\alpha \int_0^{\varphi} \mathrm{d}\varphi$$

可得

$$R = R_3 \mathrm{e}^{\tan\alpha\varphi}$$

式中 R_3——压水室半径；

D——涡轮直径；

D_3——压水室直径。

得到液体的流动轨迹后，按此轨迹加做固体壁，就做出了符合流动的压水室，如图 4-9 所示。

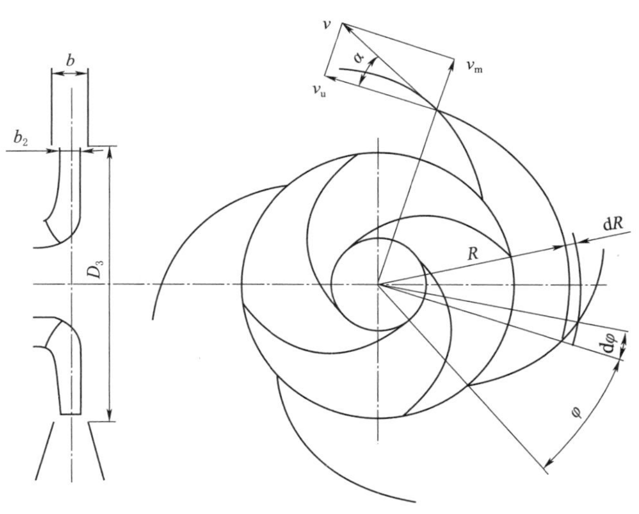

图 4-9 压水室工作原理图

利用叶轮出口稍后的速度三角形求得 $\tan\alpha_3$，给定不同的 φ 角，可求得相应的半径 R，从而可做出对数螺旋线。实践中，为了减小径向尺寸，螺旋形压水室宽度 b 多是扩散的，这样可减小 v_m 和 α。

螺旋形压水室能够满足以下基本要求：

（1）压水室布置在叶轮出口外周，能够把从叶轮流出的液体收集起来。

（2）在设计工况下液体符合自由流动，是轴对称的，从而保证液体在叶轮内相对流动的稳定性。

（3）压水室随着收集流量的增加，半径向排出口逐渐增加，v_m 减小，由图 4－9 的速度三角形可知，v 也减小，从而实现了动能向压能的转换。这种转换和涡室的尺寸有关，高扬程泵 v_m 大，v_u 小，α 小，涡室的径向尺寸较小，断面积小，所以转换的程度较小。反之，低扬程泵在压水室内有很大一部分动能转换为压能。为了完全实现动能的转换，螺旋形压水室后面接扩散管。

（4）压水室出门的流动方向和涡室径向垂直，这种结构保证了消除流动的旋转分量 v_m。另外，从流体力学的观点，沿压水室扩散管壁的封闭围线，其中不存在涡（叶片等），因而沿封闭围线的环量等于零，液体是没有旋转的。

4.4 泥泵密封设计

4.4.1 密封装置

密封问题一直是装配件的一个重要问题。旋转零件对密封的要求很高，且对于过流物质会对设备有一定破坏作用，并且工作环境为水下的泥泵，更加需要重视密封问题。

离心泵的叶轮和轴等转动部件和压水室等静止部件之间存在一定的间隙，为了减少或防止液体从这些间隙中泄漏出来，必须设置密封装置。密封装置分为密封环和轴端密封。

1. 密封环

叶轮在外力的作用下不停转动，入口处的速度在流道中不断变大，而入口处因为部分流体进入叶轮流道导致入口处的压力相对于出口压力较低，在一定程度上从叶轮流出的流体有一部分在压力差的作用下返流回叶轮。为防止高压流体通过叶轮入口与泵壳之间的间隙泄漏至吸入口，在叶轮进口外圈与泵壳之间加装密封环。密封环结构型式如图 4－10 所示。

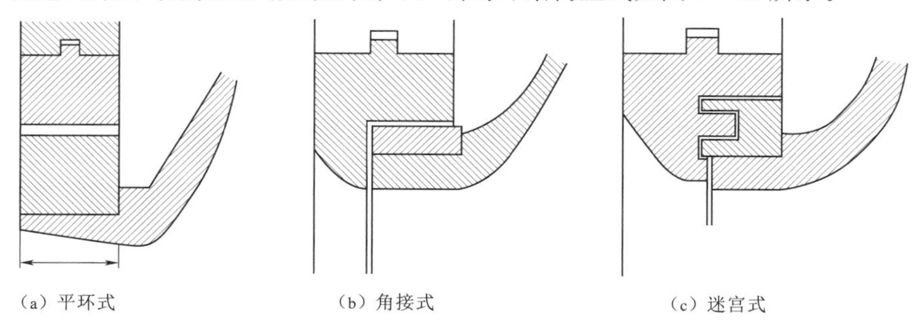

（a）平环式　　（b）角接式　　（c）迷宫式

图 4－10　密封环结构型式

2. 轴端密封

泵轴一端与叶轮后盖板连接穿过泵体向后，另一端与动力装置连接（如柴油机、液压马达）。因为泵轴工作时是连续转动的，而且其穿过泵体，所以需要和泵体之间有一定的间隙确保转动，因此本体内外就会因为压力差问题产生泵内流体的流出。若泵内压力大于外界压力，流体从间隙向外泄漏，反之泵外物质通过间隙流向泵内。为了减少泄漏或者外界物质的流入，需要在间隙处装有轴端密封装置。目前一般使用的轴端密封装置主要有填料密封、机械密封、浮动环密封三种。

4.4.2 填料密封

带水封环的填料密封结构如图 4－11 所示，它由填料套、填料环、填料、填料压盖、双头螺栓、螺母组成。泵工作时，压盖将填料压紧，填料充满填料腔，使泄漏量减少，从而达到密封目的。压盖不能过松或者过紧。过紧会造成轴套与填料表面摩擦加大，温度迅速升高，严重时可导致轴套和填料烧坏；过松则泄漏增加，泵效率下降。其压紧程度应以液体从填料箱漏出少量液滴为宜。填料箱中水封环的作用是引入洁净水，使其在轴上形成水环进行密封，以防止泄漏；洁净水也起到冷却和润滑的作用。填料采用石墨油浸石棉绳，或石墨油浸含有铜、铝等金属丝的石棉绳。填料密封结构简单，工作可靠，但使用寿命短，广泛应用于中低压水泵上。

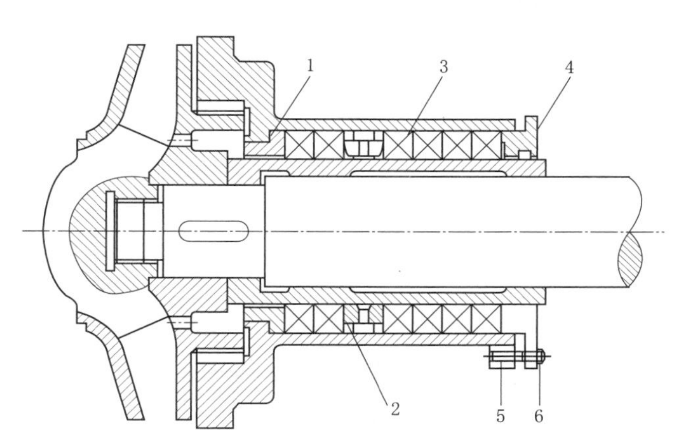

图 4－11　带水封环的填料密封结构图

1—填料套；2—填料环；3—填料；4—填料压盖；5—双头螺栓；6—螺母

4.4.3 机械密封

机械密封如图 4－12 所示，是依靠静环与动环端面的直接接触而形成的密封。活动环在传动销的作用下固定在轴上和轴一起转动，静环在防转销的作用下固定在泵体上保持和泵体的绝对静止。其端面为密封面，通过弹簧的弹力在密封面上产生压力，以保持端面的紧密接触。动环密封圈和静环密封圈的作用主要有两方面：①防止工作时液体在轴向出现泄漏问题以及静环与泵壳之间可能会出现的泄漏；②密封圈因为不是刚性材料，所以在一定程度上能够吸收一部分的振动，缓和泵在启停时可能产生的冲击作用。当采用机械密封进行密封时，在端面需要通有密封液体，因为动、静环贴合的端面之间存在一定的粗糙度，有非常小的间隙，而密封液体能够填充满动、静环这层间隙，并形成一层能够平衡内外部压力、对轴承进行润滑和一

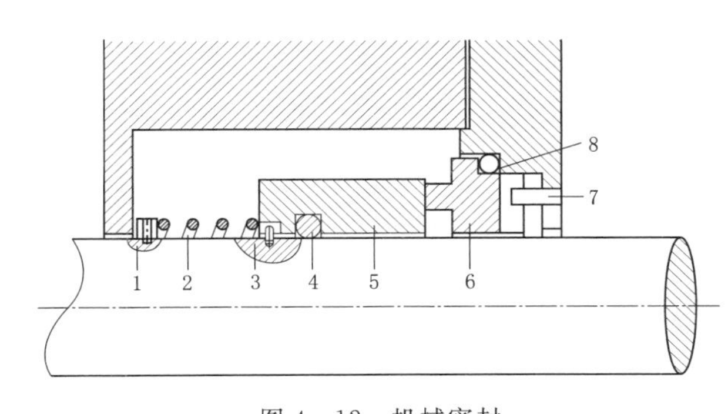

图 4－12　机械密封

1—弹簧座；2—弹簧；3—传动销；4—动环密封圈；5—活动环；6—静环；7—静环密封圈；8—防转销

定冷却作用的非常薄的流体膜。密封液体需要经过外部冷却器冷却，在泵启动前通入，停转后切断。

机械密封比填料密封寿命长，密封效果好，摩擦损耗小，为填料密封的10%～15%，但是其结构复杂，加工精度要求高并且对安装和水质要求也高。

4.4.4 浮动环密封

浮动环密封如图4-13所示。传统的浮动环密封主要是利用液体压力和弹簧力（或不用弹簧力）作用在浮动环和支承环的端面上，使得端面能够紧密接触，实现在径向上的密封效果。此外因为轴套的外圆表面与浮动环的内圆表面是装配件，两者之间存在一定的间隙，从而形成狭窄的缝隙，该缝隙在一定程度上起到了节流和轴向密封的作用。一个浮动环和一个浮动套组成一个单环。为了达到较好的密封效果，在密封时采用多个浮动环逐个连接在一起，套在轴套上的浮动环在外部载荷和内部压力之间的相互作用关系下沿着浮动套的密封端面上、下自由浮动实现环心的自动调整，当浮动环与轴同心时，液体支撑力平衡。因此，浮动环与轴套的径向间隙可以做得很小，以减少泄漏量。和机械密封相比，浮动环密封在结构上更加简单，在运行方面也比较可靠，一般在高温高压锅炉给水泵、凝结水泵上使用具有比较好的效果。

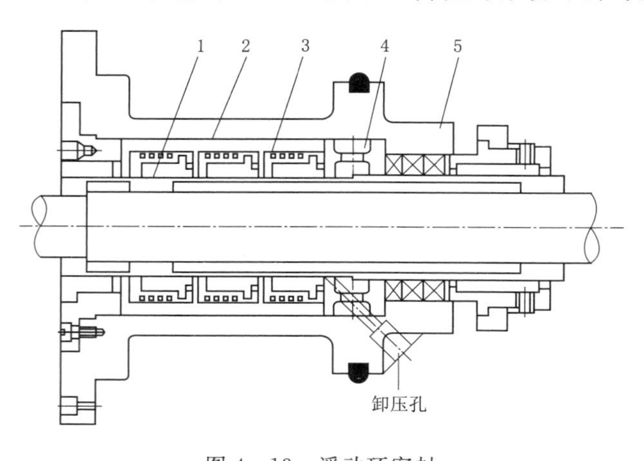

图4-13　浮动环密封

1—浮动环；2—浮动套；3—支承弹簧；4—卸压环；5—轴套

由于泥泵在工作过程中输送的固体颗粒与叶轮和壳体之间的相互作用关系，不可避免地会导致与驱动力连接的泵轴出现小幅度浮动。在轴出现角度偏摆或浮动时，轴与密封装置会发生卡阻现象，损坏密封圈，从而导致工作产生的杂质如砂石进入转轴与浮环压盖的间隙，最终损坏转轴。传统的浮动密封结构复杂、零件数量多，当出现密封失效时更换复杂，浪费人力、物力。新型浮动密封如图4-14所示。整个密封结构主要包括两个浮动环、两个弹性环和两个浮环压盖。两个浮动环通过密封面对面安装实现浮环的端面密封，并套装在转轴上和浮环压盖构成浮动空间。弹性环安置在浮动空间中，浮动环随浮环压盖的相互运动而运动，因为浮动环和浮环压盖上的浮动槽表面光滑并且横截面为圆形

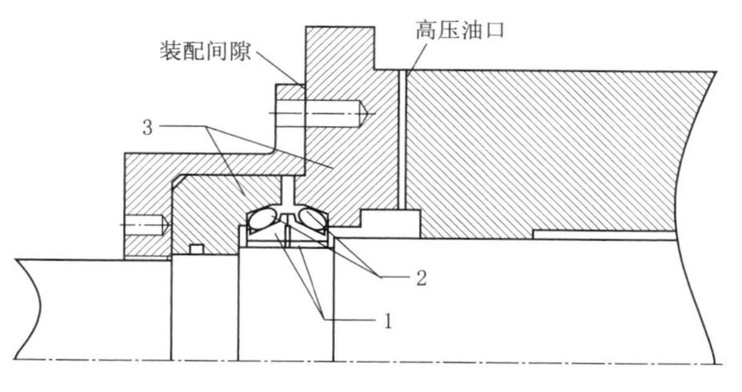

图4-14　新型浮动密封

1—浮动环；2—弹性环；3—浮环压盖

的弹性环过盈安装在浮动槽上，所以当浮环压盖发生轴向或者径向摆动时，弹性环只是在浮动槽内发生滑动或滚动，浮动环的密封面仍然保持密封状态，这样就能够阻止砂石进入转轴与固定装置之间的间隙。此外为了提高密封效果，减少泄漏，在浮动环中间还通有密封液体，密封液体的压力比被密封的液体压力稍高。在维修拆装方面该结构比传统的浮动密封结构更加简单、方便。

4.5　清淤系统耐磨材料设计

4.5.1　清淤设备磨损

清淤设备磨损经常发生且不可避免，从机具切削吸入泥沙开始，在泥泵的作用下，泥浆通过吸排泥管路到排出的过程，泥沙所到之处磨损无处不在，如机具、吸排泥管线、泥泵过流部件、泥门、装载箱等。磨损是一个非常复杂的过程，与磨损过程输送泥浆的性质、速度和压力等因素有关。由于清淤过程中的介质是泥沙水，不同的泥沙颗粒、浓度、速度及压力对疏浚设备产生不同的冲击，带来不同程度的磨损。通过对多种抗磨材料的冲击与磨损的研究表明，从早先的白口铸铁到如今的高铬白口铸铁，都有优良的耐磨性能，但其属于脆性材料，加工难度大，应用范围受限，通常用作泥泵的过流部件，如泵胆、叶轮、前后衬板等。对于输泥管线，直管选用低碳钢，磨损严重的三通、弯头等管件多采用35硅锰钢或35铬钼钢。

4.5.2　耐磨材料分析

1. 锰钢

早先的清淤船输泥直管采用普通的低碳钢，但普通钢管耐磨性及耐腐蚀性差，使用寿命短，需要频繁补焊及更换。因此对重要部位采用低合金锰钢板或内衬钢板。16锰钢虽强度大大好于热轧钢板（Q235），但耐磨性不好。高锰钢如13锰钢，具有加工硬化的特性。当受到剧烈冲击或较大压力时，表面迅速硬化，硬度提高且具有高耐磨性，而心部仍为奥氏体，具有良好的韧性，因此常应用在清淤机具中，如耙头的底部衬板等。

2. 耐磨复合内衬

陶瓷以其高耐磨、高硬度、耐氧化、耐腐蚀等综合性能被广泛应用，越来越多清淤船的油缸活塞杆表面采用陶瓷镀层。

由于传统碳钢材料耐磨性能差，使用寿命较短，清淤船输泥管线一直在探究选用何种材料、以何种方法延长使用寿命，从而降低系统的运行成本，减少检修和材料消耗。目前普遍采用耐磨陶瓷作为防磨内衬。例如在输泥管道使用陶瓷内衬复合管可以大大延长管线使用寿命。然而在管道弯头，因经常有大的石块冲击，若使用陶瓷内衬，在受到垂直冲击时，这种脆性材料表面最容易碎裂剥落。此外，由于管线压力输送时，陶瓷层难以与外层钢管发生同步周期性的弹性变形而使内衬易破裂脱落，且成本高，实际效果不理想，所以在清淤船输泥管线上未被广泛应用。

3. 特殊热处理的耐磨钢板

该类钢板是用热处理方法提高钢板的硬度，从而实现耐磨功能。它具有可焊性、冷成型及可机加工性的特点。近10年来我国陆续引进了工程机械制造技术，开始向高性能耐磨钢的方向发展，并取得了显著进步。国内钢企可生产供应HB400强度级别以下的耐磨钢板，部分可生产HB500强度级别以下的耐磨钢板。由于国内开发的时间短，热处理工艺尚不成熟，强度体系尚不完善。

4. 双金属离心铸造复合管

继普通白口铸铁之后，高铬白口铸铁因其具有良好的抗磨性能在工业中得到了广泛应用。直到20世纪末，应用最广的高铬铸铁是15Gr－3Mo型高铬—钼白口铸铁（C含量2.8%～3%），这种铸铁的特点是Cr/C≥5。进入21世纪，我国不少厂家已经能够生产Cr含量大于18%的高铬铸铁［国外清淤系统的过流部件多采用（23%～30%）Cr的高铬铸铁］。

双金属离心铸造复合管由两种不同的金属构成。外层为普通的碳钢，内层采用高铬铸铁，通过控制铸型的旋转速度、浇注温度和速度、两种金属浇注的间隔时间，采用合适的热处理工艺，使管层之间在高温下结合面互熔。离心铸造的优点是铸件结晶细密，铸造缺陷少，机械性能好，结合面牢固，管体内表面光滑平整。

5. 夹套高铬铸管

夹套高铬铸管是一种复合管，主要用于制作弯管或三通管等铸件。它的外层是普通的碳钢管，内层叠套一个高铬铸管，管与管之间的空隙填充特殊的水泥砂浆。外层碳钢管可以根据铸件的形状特点采用焊接或螺栓连接。

6. 碳化铬堆焊钢板

堆焊是提高材料耐磨性能的途径之一。常用的堆焊方法有电弧堆焊、等离子堆焊、激光堆焊等。碳化铬堆焊钢板是在中低碳钢基板上堆焊一层或多层含有大量碳化铬硬质颗粒的耐磨合金。要得到高品质的耐磨板必须按高碳高铬要求来配比各种合金含量，一般为：C含量4.0%～5.5%，Cr含量28%～40%。高C、Cr含量，配以合理的冶金熔敷制造工艺，使耐磨层的稀释率低，形成大量六边形碳化物硬质颗粒，微观硬度高，与基板冶金结合，抗拉强度高，已广泛应用于清淤、矿山、水泥、煤电等重磨耗产业并证明其具有极优越的耐磨特性。20世纪60年代开始许多工业发达国家就开始研究耐磨堆焊材料并推广使用，由于有一套完善的生产工艺及严格规范的质量控制体系，国外品牌产品与国内普通碳化铬堆焊板比较，其表面成型好，变形小，抗拉强度高，抗冲击性好，耐磨层碳化铬硬质相微观硬度高且大颗粒数量多分布均匀，宏观硬度58～62HRC（洛氏硬度），耐磨性好。

目前国内大多数堆焊板的主要化学成分为：C含量2%～3%，Cr含量13%～25%，基板与耐磨层稀释率较大，表面不平整变形大。除先天的化学成分外，生产过程中的电流、速度等工艺参数直接影响合金的显微组织和硬质相的形态及分布，对堆焊板成品的综合力学性能及耐磨性能影响很大。由于国内外对碳化铬复合板没有统一的标准，所以高铬堆焊耐磨板特性并不相同，市面上有多种不同的产品，其耐磨度特性为普通锰钢板为 4～25 倍。由于产品良莠不齐，如果选择不当，往往得不偿失，性价比不高。

4.6 泥泵选型及配件系统设计

4.6.1 泥泵及绞吸装置选型

1. 选型结论

此项目为水库清淤项目，根据初步预判，库区无其他生活垃圾、渔网、塑料袋一类的杂质，介质淤泥和细砂比较单一，项目为实验性质，选用如图 4-15 所示泥泵一套，含绞吸机、单铰刀头、液压动力站，液压油管与排泥管根据项目实际情况进行配置。

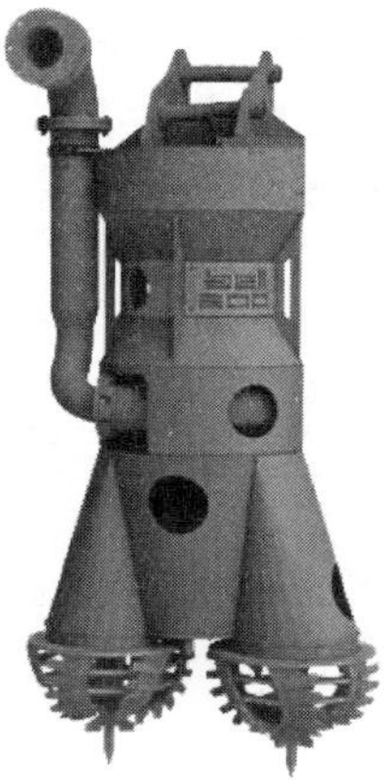

2. 设备参数

（1） 最大产量：2500m^3/h。

（2） 最大功率：110kW。

（3） 吸入直径：400mm。

（4） 液压流量：290L/min。

（5） 质量：1200kg。

（6） 最大清淤水深：50m。

3. 设备优点

（1） 小巧灵活，与平板驳或其他船只配套进行 A 形架软连接，可到达水下 100m 进行实验，其他设备很少可以做到。

图 4-15 泥泵装置选型结果

（2） 对比于传统的绞吸式清淤船，性价比更高。

（3） 安装、使用与维修方便，几乎免维修，绞吸机内部配机械密封，连续使用不会出现密封破碎或其他关键部件磨损的状况。

泥泵的吸口和排出口附近分别装设带旋塞的压力真空表和压力表，均装在操纵室内。进出口配置柔性减振管。同时泥泵前端吸入管高进低出，在首次灌水后，可保证管内有存水，有利于泥泵启动。

4.6.2 吸排泥管系统

吸排泥管系统由吸泥头、吸泥管、橡胶吸泥软管、进出口柔性减振管、排泥管、排泥止回阀、排泥回转弯头及填料箱等组成。

吸泥头吸口面积充分考虑泥泵的吸入性能，并设有格栅，以防止土层中大块硬物被吸入。吸泥管径为 200mm，排泥管径为 200mm，泥管为壁厚 7mm 的钢管。泥泵排泥弯管采用适当的弯曲半径，排泥管末端安装 1 只回转弯管以与浮筒管系相连接。回转弯头用螺栓安装在与船体连接的钢板支架上，可以水平 180°摆动，实现清淤船船体与浮筒管铰接。泥泵排泥管上还设有止回阀等。

4.6.3 挖泥控制系统

本船在主甲板前部设有挖泥操纵室，该室具有良好的通风、隔音和观察、照明性能以及操纵舒适性。在操纵室内能对清淤机械及其作业状况进行控制和监视，并设有相应的挖泥监测仪表和各种报警装置，在挖泥控制台上可实现其功能。

挖泥控制系统主要包括：泥泵柴油机调速、停车及紧急停车按钮；减速离合齿轮箱的合排与脱排；多输出轴齿轮箱的合排与脱排；移船绞车的收缆、放缆控制单元；定位桩升降油缸控制单元；铰刀架升降绞车控制单元。

监视装置主要包括泥泵柴油机转速表、泥泵转速表、泥泵的真空及压力表、齿轮箱的离合信号、液压系统压力表等。

泥泵柴油机采用全电式遥控装置，柴油机的启动在机泵舱操纵，其转速和停机可在操纵室内控制，并设有超速停车装置。齿轮箱的离合和变速操作可在操纵室内进行，也可在机旁执行。

4.6.4 定位工作系统

本船设 2 套移船定位钢桩及横移锚缆系统，均采用液压驱动。钢桩系统能保证在 2.0m/s 的流速下可靠定位作业，且移船方便，施工不碍航。

本船艉部设有 2 根定位桩，桩距 2.1m，桩长 12m，桩径 0.45m，定位桩上间距 0.5m 设定位销孔，质量约 1.6t，采用液压缸升降，并配有定位桩放倒装置。定位桩系统如图 4－16 所示。

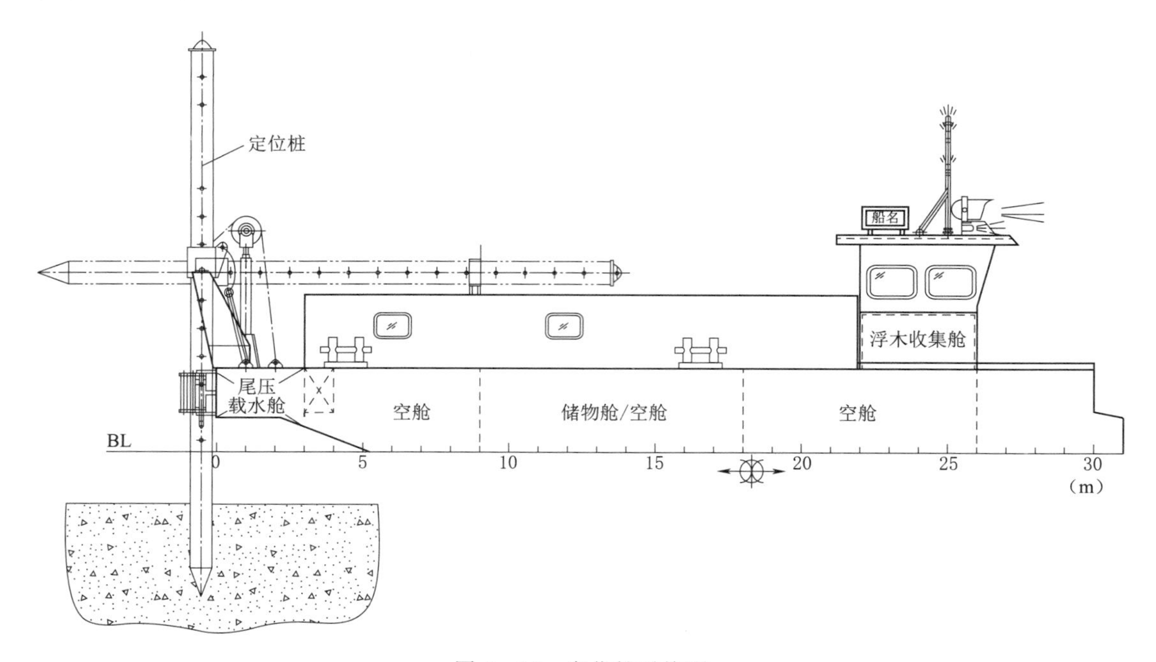

图 4－16　定位桩系统图

在桩顶端设置直径大于桩径的法兰盘，防止丢桩。钢桩采用高强度钢Q345，定位桩钢桩尖采用20MnMoNb。

非作业状态时，利用液压缸顶推装置，通过尾绞盘及甲板面导向装置可将桩放倒，将定位桩固定于主甲板上的搁置架上。定位桩结构如图4－17所示。

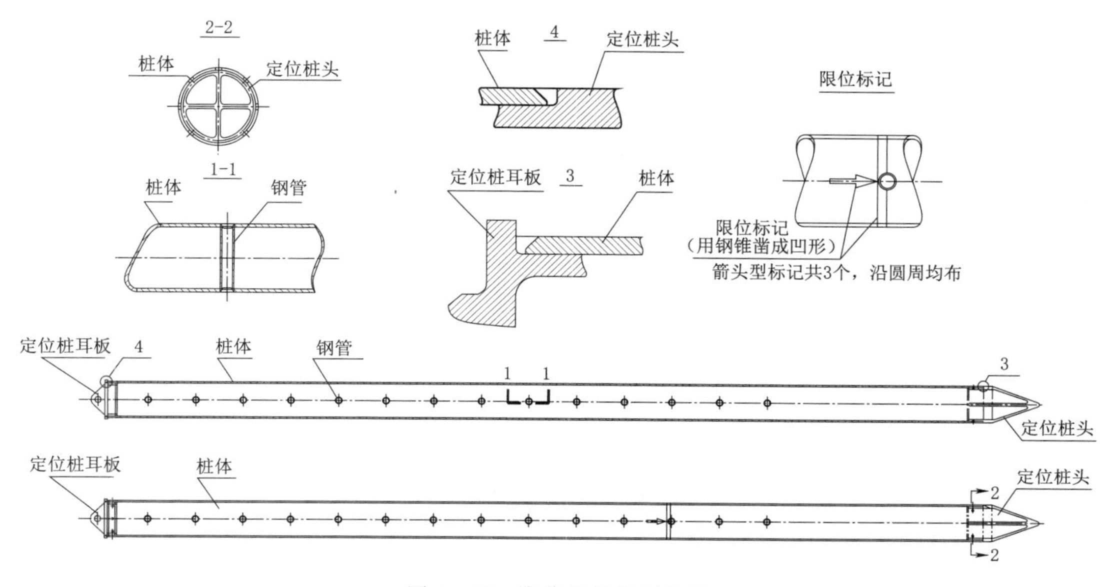

图4－17　定位桩结构示意图

4.7　清淤系统附属设备

清淤系统配套的附属设备主要有排泥管道、管道浮体、膨胀节、接力泵站等，这些附件通过串联方式形成管道排泥系统，具备无泄漏、不间断、漂浮式、增程输送的能力。

4.7.1　排泥管道

1. 材质分析

(1) 普通钢质排泥管。普通钢质排泥管用碳素钢、特种耐磨钢板或热轧钢带制成，是国内外清淤工作中较普遍采用的一种形式。为便于管线的挠曲，管与管之间的连接，早年曾多用球形接头，现在大多采用橡胶软管。橡胶软管大体有如下形式：

1) 直筒式。胶管套在排泥钢管端，以卡箍紧定。这种套管的套接和紧固操作费时费力，并因套管的内径与排泥管的内径不一，管内水流在接头处不能平顺通过。

2) 管口放大式。橡胶套管的两端管径略放大，以使钢管套入橡胶管后，两者的内径相一致。这种套管使水流在接头处可平顺通过。

3) 管端带法兰式。一般在橡胶软管两端各嵌有壁厚的螺纹短管，在短管中出橡胶软管外的一端，焊有一个钢法兰盘。

4) 法兰接头软管。橡胶软管两端各带有一个橡胶法兰盘，以与排泥管的法兰盘对接。

用这种软接头，管内水流平顺。带橡胶法兰盘的接头具有最大挠性，接合紧密，质量也轻。

（2）自浮式钢质排泥管。传统的钢质排泥管是浮体支承于水面的，在开阔水面，风浪大的场合，因浮休随波浪不断颠簸，尤其是在与波浪产生共振时，往往造成管线的损坏，因此其使用受到气候的限制。为此，有企业研发了不用浮体支承的自浮钢质排泥管，即在钢质排泥管外覆有泡沫塑料的外壳，使其有自浮能力。由于省去了浮体，管线产生的风阻和波浪对它产生的应力都较小。

1）维罗浮管。它是国外一家船厂研制的一种自浮钢质排泥管。包在管外围的浮力部分称为维罗浮具，是用聚苯乙烯泡沫塑料做成圆筒形的 2 个半片，拼包在管外围，成为整体。管外包覆一层玻璃钢，厚度为 5mm。维罗浮具的尺寸是根据管线的尺寸和使用条件等来确定的，但钢管和维罗浮具之间的间隙是固定不变的。聚苯乙烯泡沫塑料的密度很小，仅 $20\sim22kg/m^3$，坚韧有弹性，抗变形性好，适用温度广，为$-20\sim70$℃，抗拉强度为 $30\sim40kN/cm^2$，非常适合用作浮具。其表面涂覆的玻璃钢，是用来保护泡沫塑料免受外力损伤和防上水和杂质进入塑料。

2）IHC 自浮排泥管。它是荷兰 IHC 公司的产品，钢管间用球节或橡胶软管法兰连接。钢管外也包有 2 个半片的泡沫塑料外壳。泡沫塑料的成分是聚氨基甲酸乙酯。拼装外壳不用螺栓，用一种塑料带系缚，其与泡沫塑料的闭孔结构提供的浮力足以使管内即使充满了泥沙，管线仍能浮于水面。这种泡沫塑料外壳有着高密度的表面层，不会剥落，抗渗性能好，即使破皮穿孔，也几乎不会浸入水分，同时也不会腐蚀，免保养。钢管磨损后，塑料外壳仍可移到其他同样规格的钢管使用。

（3）橡胶排泥管。橡胶排泥管有自浮和非自浮两种。大多用作浮管的自浮管，一般内层或内衬采用耐磨的天然橡胶，以合成纤维或金属线来增强其耐压强度。管端接头大部分采用法兰连接。

橡胶自浮排泥管较之以浮体支承的钢质排泥浮管，优点如下：

1）在同等条件下，橡胶比钢耐磨。试验表明，橡胶自浮排泥管的磨损仅为钢管的 1/4。

2）整体具有很好的挠性，不会蹩弯。与同等长度的钢质管线相比，压力损失小 10％～12％。

3）能耐风浪。按传统的浮箱支承的钢质浮管线，在浪高超过 0.6～0.9m 的条件下就可能造成损坏，而橡胶自浮管线由于有良好的挠性和抗拉强度，即使在大风浪中也能维持工作。

自浮橡胶排泥管虽具有上述优点，但存在造价高的缺点，这也是未被广泛应用的主要原因。

（4）塑料排泥管。塑料排泥管经济性好，但大管径的塑料管耐压强度不足，一般用于中小型清淤船。

1）聚乙烯管。聚乙烯在塑料制品中是一种产量最大、用途广泛的热塑性通用塑料，简称 PE 管。它是由乙烯聚合而成的高分子化合物，在分子结构中仅有 C、H 两种元素。聚乙烯有低、中、高密度之分，其中高密度聚乙烯具有管材所必要的特性，但其延伸性差、冷脆性高。增加高密度聚乙烯的高分子量使其成为超高分子量的聚乙烯，则该缺点可以大为改善，抗拉和抗断强度也可更高，适用于制作管材。超高分子量聚乙烯管具有质轻、耐用、挠性好、摩阻小等优点。

2）特种聚酰胺管。特种聚酰胺管耐磨性好，质量仅为钢的1/5，能吸收弯曲应力，不会凹陷或凸出，压力损失小，因此所需功率可相对减小；能抗腐蚀和紫外线辐射，适用温度范围达－30～110℃。这种管线一般以法兰连接，但价格居高不下，常用在重要场合。

2. 沿程阻力损失分析

管道内壁粗糙度是管道水力计算的关键参数，其对管道输送的沿程压力损失影响重大。管道内壁粗糙度可分为绝对粗糙度和当量粗糙度。绝对粗糙度是指管道内壁粗糙凹凸部分的平均高度；当量粗糙度是综合考虑绝对粗糙度和管壁变形对管内流动过程的影响，把基于同一沿程阻力系数运用沿程阻力系数公式反算得到的粗糙度值。现场实测的不同管道组合下的输送摩阻，为管线布设提供了较为准确的指导。

（1）管道输送摩阻与管道输送液体流速、浓度的变化趋势较为一致。输送摩阻随着管道输送液体流速和浓度的增大而增大。

（2）不同管道组合下的输送摩阻存在差异。纯钢管组合的输送摩阻最小，4根钢管与1根橡胶管依次连接的管道组合的输送摩阻次之，1根钢管与1根橡胶短管依次连接的管道组合的输送摩阻最大，其管道输送摩阻相比于纯钢管组合增大约6%。

（3）管道表面粗糙度越大，沿程阻力衰减越明显。在同等条件下，PE管的阻力损失最小，钢管和橡胶管视管道内壁粗糙度，略有差异。

（4）阻力损失随管道管径增加而降低，但是管径越大，沉降系数越大。

3. 爆裂原因及防爆裂措施

泥浆的输送靠排泥管线来完成，因此排泥管线的工况正常与否直接影响到清淤船的生产效益，在日常施工中常常因排泥管线爆裂而影响生产，延缓工期，降低效益。

（1）排泥管爆裂的原因分析。当泥泵运行工况正常（不偏离H－Q特性曲线）时压力符合恒定流原则一般不会发生爆裂现象。在泥浆运行过程中由于操作不当发生水击，违背液体连续流的原理，使管道和泥浆中压力与流量发生急剧变化，则管道易破裂。

1）水击现象是排泥管爆裂的主要原因。在操作中由于种种原因使吸泥口“堵死”，致使泥和水都吸不上来而使吸泥管产生真空。随着吸空时间的增长，形成真空段，造成压力差，出现了真空段的传递，由于吸泥管中原来就是低压区，其压力差不大，压力波动不明显。当真空段传递或扩大到泥泵高压区时，泥泵就急剧震动。当真空段传递到排泥管时，就产生了巨大压力补充，而真空段后面的排泥管中，泥浆向同方向流，急剧加速补充真空段，结果造成真空段两端两股泥浆流剧烈相撞，产生巨大压力波动，这时压力迅速升高，这种压力常常会高出正常压力好几倍，使排泥管爆裂或浮筒软管等撕裂。在整个管路中局部阻力较大的地方，受水击影响更大而更易爆裂，影响清淤船正常生产。

2）泥泵或闸阀突然关闭发生水击引起管壁爆裂。当泥泵突然关闭，做功突然停止，在泥泵排出端产生真空，致使排泥管内产生压力差，已排出的泥浆具有一定压力，并急剧向真空段补充，造成泥浆流向急剧改变，压力升高产生水击，并以极大的惯性力冲击泥泵泵体及排泥管道；同理，在排泥管道中，由于闸阀的突然关闭或开启也会产生水击现象。根据有关资料和生产实践证明：水击作用力的大小与泥泵或闸阀关闭（或开启）时间的长短有关，即关闭（或开启）时间延长，则在泥泵排出端产生的真空值就小，水击作用力就越小，反之水击作用力就大，排泥管道中压力升高值也就大，易导致排泥管道爆裂。

（2）排泥管的防爆裂措施。

1）预防水击。根据上述分析，当管道中存在真空的同时，立即补充水或空气就可减小真空值，避免管道爆裂。所以一般清淤船在其船尾与水上浮筒连接处附近的排泥管上装空气调节阀，当排泥管道内产生真空时，空气调节阀就能及时补充进空气减小真空值，避免管道爆裂和橡胶软管撕裂。

2）防止吸泥口堵塞或吸空。清淤船在挖泥操作中，操作者必须熟知吸入真空与排出压力的关系，密切注意真空表和压力表数值的变化。如果发现真空表读数不断上升并超出正常值继续上升，而压力表读数下降时，则说明吸泥口吸空或吸泥管堵塞。出现此现象时要迅速提高吸口，进行吸水或泥泵停泵。利用吸泥管“回水”，将吸泥口或吸管内障碍物冲掉或派人到吸泥口处清除杂物。

3）在满足泥沙启动临界流速条件下，根据排泥管线长度和扬程高低，适当控制泥泵转速，以控制管道中泥浆流速，减小水击作用力。

4）在正常情况下延长开启或关闭泥泵时间，以减小或避免水击的冲击力。

5）排泥管线布设要尽量规范。排泥管线布设规范与否对排泥管壁的磨损与爆裂影响重大，所以在现场踏勘、施工放样铺管时，尽量使管道走向平直，避免管道突然转折。水上浮管布设要视管线与水流（潮流）方向和流速的大小、波浪的方向和波高合理间隔若干米，抛设浮筒管锚，且随船位的变化及时调整浮筒管锚的缆长，避免同浮筒软管的“憋死”而使橡胶软管撕裂。

4.7.2 管道浮体

1. 管道浮体的作用

管道浮体是用来绑扎在排泥管、输油管、电缆等管状物体上，给物体提供浮力，以便其能够漂浮在水面的塑料物体，一般会在内部填充膨胀聚氨酯、EPS（聚苯乙烯发泡塑料）泡沫等质轻、不吸水物质，来增强其破损之后的安全性。

在河道清淤、水库扩容作业时，大多都会配备动力单元，不但需要用排泥管把泥水从水中排出到岸上，还需要动力电缆把电力输送到船上或泵站上，部分自动化程度较高的设备还需要配备监控信号电缆和弱电控制电缆。但是市场上已有的管道浮体大多只适用于单一管道，例如浮体中只能承载排泥管或电缆，能够同时承载排泥管、多条电缆的浮体并不常见。

传统管道浮体都是两瓣结构（HALF 形），采用螺栓连接，每个浮体至少需要配备 4 组螺栓，其安装和拆卸需要采用套筒扳手等专用工具，且时间较长，在实际工程中使用时会影响工程进度。

现有技术缺点如下：

（1）现有管道浮体只适用于单一管道，例如排泥管或电缆，不能同时为排泥管、控制电缆、动力电缆等提供浮力。

(2) 现有管道浮体的螺栓连接方式安装、拆卸需要借助专用工具，费时费力，生产效率低，不利于保障工程进度。

针对水库深水清淤设计的组合式管道浮体具有以下优点：

1) 管道浮体外部采用LLDPE（线性低密度聚乙烯）材料使其外部结构更加坚固，使用寿命更长。内部选用聚苯乙烯材料，在增加填充体积的同时使得浮体本身更加轻盈。

2) 浮体采用铰链及弹簧搭扣连接，省去了螺栓连接时拆装的繁琐，徒手即可完成拆装，方便快捷。

(3) 采用多组管槽的设计，可以同时固定管道和电线电缆，使其在整体结构上具备多功能性。清淤作业时，省去了多种浮体同时使用的情况，便于维护管理。

(4) 浮体端部采用大比例倒角，使其在水面拖拽时，受到水体的阻力更小，迁移更加方便。

(5) 搭扣及铰链均为嵌入式设计，浮体不具有超出外形结构的外漏件，避免了剐蹭、钩卡水面漂浮物的风险，可有效减少作业过程中的维护次数。

(6) 设置了三道折边加强筋结构，结构强度更加可靠，填充及紧固时不易变形。

2. 浮体基本结构设计

该组合式管道浮体采用上下两瓣结构设计（HALF形），主要由下HALF本体、上HALF本体组成，上、下本体都设有相对应的三道加强筋，可有效防止变形。下HALF本体上设置了弹簧搭扣的嵌入式安装槽，注塑时预埋了相应的螺栓连接孔，采用搭扣螺栓连接弹簧搭扣和下HALF本体。下HALF本体上还预埋有铰链的连接螺栓孔，通过铰链连接螺栓连接铰链和下HALF本体。

铰链和弹簧搭扣与三道加强筋的位置相对应，全部嵌入式布置，布局均匀，不影响美观及强度。

连接螺栓均采用盲孔结构，保证浮体整体水密性，盲孔内嵌入金属螺纹套，保证弹簧搭扣、弹簧搭扣挂钩、铰链的连接强度，金属螺纹套和下HALF本体、上HALF本体注塑为一体。

上HALF本体的三道加强筋槽内，嵌入了弹簧搭扣挂钩，用弹簧搭扣挂钩螺栓与上HALF本体相连。

上HALF本体上留有铰链的嵌入空间，防止安装时出现铰链与本体产生干涉。

上HALF本体上预留有贯穿铰链轴的安装孔，贯穿铰链轴为内六边形螺杆结构，贯穿下HALF本体、上HALF本体和铰链，使其成为一体，然后用铰链紧固螺栓紧固，正常状态下不再拆开。

下HALF本体、上HALF本体上均开有透气工艺孔，采用透气旋塞密封。

下HALF本体、上HALF本体的内部中心及侧边合适位置处留有穿过管道的嵌入式结构，根据需要为穿过浮体的管道、线缆预留合适的开孔。

组合式管道浮体结构如图4-18所示。

3. 新型管道浮体使用方法

本套管道浮体只需松开弹簧搭扣，把管道、电缆等放入对应的槽内，然后扣合弹簧搭

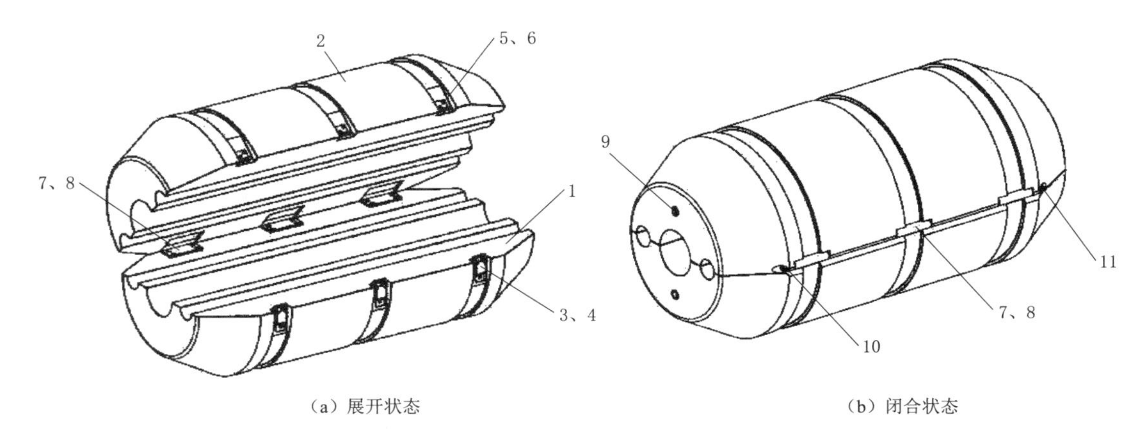

图 4-18　组合式管道浮体结构图

1—下 HALF 本体；2—上 HALF 本体；3—弹簧搭扣；4—搭扣螺栓；5—弹簧搭扣挂钩；6—弹簧搭扣挂钩螺栓；7—铰链；8—铰链连接螺栓；9—透气旋塞；10—贯穿铰链轴；11—铰链紧固螺栓

扣和弹簧搭扣挂钩即可，选择与管子外径相匹配的浮体，弹簧卡扣的弹簧预紧力即可确保浮体与管道之间的抱紧，防止浮体沿着管道滑动。

浮体按照一定间隔均匀紧固在管道上即可把管道、电缆等完全托浮于水面。

4.7.3　接力泵站

接力泵施工工艺在清淤工程中应用较多，能有效解决远距离排泥问题。在正常条件下，清淤船自身装机功率能够满足常规排距要求，但当工程设计要求输送距离超过清淤船额定排距时，为了满足远距离输送要求，通常采用增加接力泵的方法来增大排距。接力泵站起到中继加压的作用，一般选取的规格型号和原船配备的泥泵规格型号一致。在工程实践中，采用单级增压或者两级增压的案例较多，采用三级以上增压时，效率会有明显衰减。

按照水库清淤的特点，结合清淤设备的泵送能力，接力泵站一般设置在岸上或者水上。岸上接力泵站安装维护较为方便，采用较多，水上接力泵站需要配置浮箱平台并锚定稳固，安装运维比较困难，油料补给防污要求高，且需要配置保障船，成本高，有安全隐患，应尽量避免。

4.8　小　　结

本章主要对泥泵的特性进行了分析，对泥泵的叶轮型式、蜗壳的分类及工作原理、泵的密封问题以及清淤系统耐磨材料进行了研究，同时，对泥泵及配件系统做了选型和设计。通过对泥泵的特性和研究成果的分析，可以更好地了解泥泵在清淤行业中的应用，以确定最佳的泥泵选型和相关参数，提高清淤工作效率和减少成本。同时针对附属设备展开了研究，研究表明，通过管道输送是最为安全、高效的输排方式，通过接力泵站进行中继加压，可以有效延长输排距离，膨胀节能有效吸收管道的热胀冷缩，管道浮体可使排泥管在工作状态下浮于水面，各个附件有机结合，共同组成了清淤船的清淤系统。

第5章 清淤船动力系统设计

船舶动力系统是保证船舶正常航行、作业、停泊以及船员、旅客正常工作和生活所必需的机械设备综合体。作为一个复杂的机电设备工程系统，船舶动力系统的设计对船舶的整体性能和技术经济性有重要的影响。

本章主要从动力系统设计理论、清淤船主要动力系统选型等方面进行分析。

5.1 动力系统设计理论

5.1.1 船舶动力系统设计方法

船舶动力系统设计过程中应考虑以下几点：

（1）必须符合船用条件，即满足船舶的环境条件、空间条件、使用条件、运行条件、保障条件等。

（2）必须符合国际公约或规则、船级社规范、船旗国相关法规等要求。

（3）必须采用全面、系统、综合的设计思想，考虑船舶动力系统内各子系统之间相互影响、相互作用的关系。

（4）应当考虑船舶动力系统整体性能以及船舶动力系统与船舶其他设备、系统之间的相互关系。

因此，船舶动力系统设计是一项复杂的系统工程，目标多、变量多、约束多，必须综合各方面的因素全面、系统地加以考虑。

20世纪80年代，国际工程设计与制造领域对于新的设计理论、设计方法展开了研究，提出了许多新思想、新理论和新方法，而这些新的思想、理论和方法也被应用于船舶设计、建造领域。

1. 并行设计

并行设计是并行工程的核心内容，采用并行方法处理产品设计及相关的工艺过程，要求用管理、工程和经营的方法来集成产品的设计、制造及其他支持过程。并行设计实质是产品和工艺设计的集成，即产品开发过程中的各阶段工作交叉、并行进行，但不是设计制造同时进行，是在考虑可生产性的同时也考虑可靠性和可维护性。船舶的并行设计方法是在网络环境下，应用CAX（计算机辅助工程）技术使船舶前期设计人员与工厂工艺人员并行协同地完成同一产品的设计与制造，以最大限度地提高产品质量，缩短造船生产周期。相对于传统的串行设计模式，并行设计不仅提高设计效率，减少设计时间，而且由于充分考虑了船舶产品生命周期中的各种问题，使设计质量大大提高。20世纪末，日本建立了以成组技术和并行工程为主导的造船体制，一跃成为头号造船强国。美国造船业于

20 世纪 90 年代全面施行并行工程，大幅提高了造船效率。

2. 优化设计

优化设计是在给定的设计指标和限制条件下，运用最优化的原理和方法，选定出最优化的设计参数，使设计指标达到最佳。优化设计的理念及优化方法在船舶设计中得到了广泛的应用。

3. 模块化设计

模块化设计的思想起源于美国大量造船时期，20 世纪 60 年代日本造船工业兴旺时形成了比较成熟的模块化设计理论。船舶模块化设计建造主要依托于系统理论、相似理论和重用理论等基本理论，以机械产品可分性和可变性为切入点，在针对产品及其设计建造过程分析和规划的基础上，实施针对个性化特点的船舶产品快速组合设计。在军船领域，采用模块化的设计建造可以让战斗舰艇实现一舰多型、具有多功能以及随时进行换装与技术更新，保持全寿命周期的战斗能力。在民用船舶设计建造领域，模块化设计建造充分发挥其高级标准化和通用化技术的优势，提高了技术复杂、小批量船舶的建造效益。作为现代化船舶建造的一种趋势，模块化设计的思想使得船舶设计、建造流程、维修管理方法上产生了重大变革。

4. 协同设计

20 世纪 70 年代，德国斯图加特大学物理学家提出了“协同学”的概念。协同学以研究一般规律为目标，形成了一门独立的系统理论。协同设计是基于协同学思想，通过协同性提高任务完成效率，通过资源共享、扩展完成任务的范围、资源的优化利用增加任务完成的可能性，通过避免有害相互作用，降低任务之间的干涉的一种理论体系。目前，在船舶协同设计体系结构、协同设计过程建模、协同设计过程中的信息发布和信息管理、协同设计平台的团队模型和智力资源评价等方面进行了较为深入的研究。

5. 虚拟设计

虚拟设计是 20 世纪 90 年代发展起来的新的研究领域，是以计算机仿真和产品全寿命周期建模为基础，集计算机图形学、人工智能、并行工程、网络技术、多媒体技术和虚拟现实技术等诸多技术为一体，在虚拟条件下对产品进行构思、设计、制造、测试、分析和仿真。1992 年，美国国防部高级研究计划署（DARPA）开始实施开发一种集虚拟样机技术和仿真技术于一体，并对船舶设计、制造、生命周期维护等各项过程兼顾的新一代船舶设计系统——基于仿真的设计（SBD）系统。SBD 以虚拟舰船为设计目标，将舰船设计的触角延伸到建造、维护、设备使用以及客户需求等传统设计方法无法达到的领域，目的是消除设计中存在的可能在舰船生命周期中后面环节暴露的设计弊端。目前，美国海军已成功地将虚拟技术运用于新一代舰船的设计过程中，在空间布置效验、维修空间检测、作战能力分析和实战模拟等方面有效地缩短了设计周期和设计成本，提高了设计质量。密西根大学虚拟现实实验室采用浸沉式虚拟现实技术进行了船舶设计应用，使得来自不同领域的专家可同时进行并行设计，提高了效率。英国皇家海军将仿真技术、激励技术与系统集成，开发虚拟船舶，用以减少未来海军武器整个生命周期的费用。

6. 人工智能（AI）

随着 AI 技术的发展，一些先进智能技术和方法如遗传算法、神经网络、模拟退火算法、蚁群算法等已经在诸如总体布置优化设计、船型要素论证、船舶性能方面显示出很强的适用性。随着科学技术的不断发展，船舶设计的研究不断深入，能效设计、数字化设计、基于系统工程的设计方法、以解决方案为中心的设计方法、基于推理的设计方法、基于实例的设计方法等新的设计理论和设计方法的提出，为解决船舶设计过程中存在的实际问题提供了解决方案。随着信息化技术和网络技术的快速发展，先进的造船设计软件被大量应用于船舶设计和建造过程之中，推动了船舶行业的不断发展。目前，常用的船舶动力系统设计软件如下：

（1）波兰什切青船舶研究所和什切青技术大学共同研制开发的船舶动力装置设计软件ENGINE78。波兰ENGINE78系统设计的出发点是加深动力装置与船体之间的联系，从整体的角度进行技术经济分析，通过计算机辅助设计进行选型和优化。ENGINE78适用于各种货船的柴油机动力装置。除主要设备选型外，ENGINE78给出了包括废热蒸汽轮机发电在内的几个发电方案的选择，以及废气锅炉和辅锅炉主要参数的计算，还给出燃料、滑油和淡水的年消耗量计算，动力装置建造成本、运行成本的计算，每英里航行成本计算，每吨货物成本及每千吨、英里成本计算等内容。

（2）美国HYDROCOMP公司推出的船舶推进系统设计软件。HYDROCOMP计算机辅助船舶推进系统设计软件是由美国HYDROCOMP公司于1984年推出的用于解决船舶推进系统设计的专业软件，也是目前世界上该领域最先进和完善的软件之一。HYDROCOMP系列软件包括NavCAD、ProExpert和PropCAD三个模块，分别用于解决船舶推进系统分析、螺旋桨设计和计算机辅助螺旋桨生产等领域的实际应用问题。NavCAD是船舶快速性能预报和分析模块，适用于推进系统单元，包括主机、齿轮箱和推进器等的选择。NavCAD提供了一个从船体到主机静态平衡分析的平台，当输入船体参数、选择合适的阻力估算方法后，即可采用最低船体阻力分析方法来进行船体线型特征的优化，其优化结果按阻力大小自动排列。

（3）MAN B&W和Wartsila NSD公司船舶动力装置设计。MAN B&W和Wartsila NSD公司从1979年开始，为其生产的柴油机规定了一个供船舶设计人员选用的区域，然后根据已有的船舶参数和船东的基本要求，采用模块化设计方法，得到主动力装置的完整设计方案，最后由厂家根据该设计方案进行生产。

5.1.2 船舶动力系统设计理论

1. *船舶动力系统概述*

船舶动力系统是保证船舶正常航行、作业、停泊以及船员、旅客正常工作和生活所必需的机械设备综合体，作为船舶的重要组成部分，船舶动力系统设计是一项包含多个学科的复杂的系统工程，具有以下特点：

（1）系统设计模块化。船舶动力系统中涉及的机械、设备和系统，包括主机、推进器和传动设备等。主机是推进船舶航行的动力机；推进器是发出推进力的工作机；传动设备是将主机发出的推进动力传递给推进器的设备。每一个系统或设备代表一个功能模块，每个功能模块相互作用，共同完成船舶动力系统的各项功能。船舶动力系统的设计是在对产品进行功能分析的基础上，通过选择和组合不同的模块，迅速实现满足各种需求的产品。

（2）系统设计参数化。船舶动力系统的设计是在明确的结构类型、系统组件、组件之间的相互约束关系基础上，确定各个组件的参数，对其进行实例化的过程。同一组件具有相同的功能，具有不同参数的组件为用户提供了不同性能的功能模块，使得船舶动力系统具有不同的整体性能。

（3）系统设计规范化。船舶作为一类特殊的工业产品，必须满足船级社相关规范的要求，如中国船级社《钢质海船入级规范》《钢质内河船舶入级与建造规范》等。这些规范制定统一的标准和模式，以保证设计水平和建造质量。

（4）用户需求的多样化和个性化。随着全球贸易的不断增加和科学技术的不断发展，船东和船舶使用者对于船舶技术性能要求不断提高的同时，对于安全性、可靠性、经济性和舒适性等个性化的需求也越来越高。为了提高市场占有率、提升我国造船企业在国际市场上的竞争力，需要加快新技术的应用和新产品的开发，促进船舶多样化发展，以适应多样化和个性化的消费趋势。

将产品配置设计的理论和方法应用于船舶动力系统的设计，根据不同的用户功能和个性化需求，选择和组合不同性能的组件进行配置，可以实现对用户多样化、个性化需求的快速响应，提高设计效率，提升产品质量，提高企业的竞争力。

（5）设计过程复杂化。船舶动力系统包含机电设备众多，各设备间相互影响，相互制约，其设计过程需要综合考虑各种复杂的约束关系，设计规模大、内容多、相关学科之间的耦合性强，是一类带约束的复杂系统设计问题。因此，船舶动力系统设计过程具有约束复杂和求解复杂的特点。

2. *船舶动力系统设计流程*

作为船舶的核心组成，船舶动力系统的设计是船舶设计的一项重要内容，其设计水平决定了船舶的整体技术性能。船舶动力系统是由众多机电设备组成的一个复杂动力工程系统，各设备相互影响、相互制约、共同作用，为船舶提供能量支持。因此，船舶动力系统的设计，特别是新船型的设计研发过程是一项非常复杂的系统工程，需要采用系统的、优化的设计方法。船舶动力系统设计流程如下：

（1）确立设计目标。设计目标决定了设计产品的质量，船舶动力系统的设计目标可以设定为可靠性、经济性、机动性等方面的要求。

（2）明确用户需求。用户需求是用户对于船舶任务、性质、动力装置等方面的要求，包括船型、船舶任务性质、航速、航区、续航力、动力装置类型等内容。通常用户需求以设计任务书的形式提交设计单位。

（3）确立约束条件。船舶动力系统设计过程中的约束条件包括船舶约束、政策法规约束等。船舶约束主要为航速、航区、船舶尺寸等的约束；政策法规约束主要为船舶入级与建造规范、防污染公约及其他政策、法令、法规等的约束。

（4）确定设计方案。根据用户需求及相关约束条件，确定船舶动力系统设计方案，包括船舶动力系统传动形式、主机选型、轴系设计、电气站配置、管系设计与机舱布置等内容。

（5）选择最优方案。在满足用户需求和约束条件的前提下，从船舶动力系统总体技术、经济、性能指标出发，对各个方案进行比较、权衡，最终定最优方案。

（6）分析评价方案。在满足系统总体技术指标的前提下，对系统方案进行评估，如不能满足要求，则进入步骤（4）进行方案修改，直至满足要求为止。

（7）输出设计结果。

3. 船舶动力系统设计阶段及主要设计内容

船舶动力系统的设计分为方案设计、技术设计和施工设计三个阶段，每一阶段的主要工作内容如下：

（1）方案设计。方案设计又称为初步设计，是根据技术任务书的要求确定船舶的总体性能和主要技术指标，完成船舶动力系统总体方案设计。方案设计的主要工作内容如下：

1）传动形式和工作原理的确定。

2）主机、发电机、锅炉、传动装置等主要设备和系统的计算、选型、论证。

（2）技术设计。技术设计又称为详细设计，是根据方案设计所确定的主要技术要求，结合用户的修改意见，遵循相关船舶设计规范、规则和公约等的规定，最终确定船舶动力系统的全部技术参数和性能指标，提出详细的计算书、说明书、设备明细表及总体布置图。

（3）施工设计。施工设计又称为生产设计，是在技术设计的基础上，根据承建船厂的施工条件，编制全部施工图纸、施工技术文件和施工管理文件。

船舶动力系统的设计是一个反复迭代、不断优化的过程。在船舶动力系统的设计过程中，一般会有多个满足用户需求和相关技术要求的方案可供选择，设计的任务就是在满足总体技术指标的前提下，对各项约束条件进行研究，从多方面进行比较、权衡、优化，得到最优的船舶动力系统设计方案。

5.1.3 船舶动力系统配置设计

1. 船舶动力系统配置设计的定义

根据产品配置设计的相关理论，结合船舶动力系统及其设计的特点，船舶动力系统配置设计的定义为：船舶动力系统配置设计是在已知船舶动力系统组成结构、性质和设计规范的前提下，按照各组件之间的约束规则，从备选的组件中进行选择、配置和组合，通过配置优化和配置方案评价，得到满足用户需求的最优的船舶动力系统配置方案的过程。

船舶动力系统配置设计是在满足总体技术要求和各种约束条件的前提下，对多个备选方案进行比较、权衡和选择，得到最优的船舶动力系统配置方案。船舶动力系统设计要满足的技术要求和约束条件包括系统结构、船机桨匹配、环境适应性（重量、体积等）、经济性、安全性、可靠性等。船舶动力系统配置设计能够从备选的组件集中选择满足基本功能要求和约束条件的组件组合，并通过优化最大限度地满足用户提出的各种性能要求，形成最优的船舶系统配置方案。因此，船舶动力系统配置设计对于提高船舶动力系统的技术性能具有十分重要的作用。同时，随着配置建模和配置求解方法的不断成熟，为同类型船舶的设计开发提供了技术和方法支持，从而提高了船舶动力系统设计响应速度，缩短了设计周期，降低了设计成本。

2. 船舶动力系统配置设计方案

船舶动力系统配置设计过程是根据用户需求和相关配置知识，层层深入、层层配置的过程，其中涉及3次主要的配置工作，即类型配置、能量配置和详细配置。因此船舶动力系统配置设计的方案主要包括类型配置方案、能量配置方案和详细配置方案。

（1）类型配置。类型配置是根据船舶的特点和相关要求，从可靠性、经济性、操纵性等方面综合考虑，确定主机的类型、船舶动力系统的传动形式和工作原理。

主机是船舶动力系统的核心设备，其作用是将燃料燃烧所产生的热能转换为机械能，为船舶提供推动力。根据工作原理的不同，主机可以分为柴油机、蒸汽轮机、燃气轮机和核动力装置等。每一种类型的主机都有其自身的特点，在选择过程中，应充分考虑船舶的用途、航区和船东的要求等因素。

船舶动力系统的传动形式是指主机、传动设备和推进器的组织形式。传动形式主要包括直接传动、间接传动和特殊传动三类。根据主机类型和数目、传动形式、推进器类型和数目的不同，船舶动力系统的传动形式又可以进一步细化。由于船舶在用途、航区、性能等方面的要求不同，船舶动力系统的传动形式也不一样，应根据用户需求进行选择。

（2）能量配置。作为船舶的核心组成部分，船舶动力系统是一个产生能量、转换能量和提供能量的设备综合体。主机产生能量，传动设备将能量传递给螺旋桨，螺旋桨把接收到的能量转化成推进力，以克服船舶航行时遇到的阻力，推动船舶航行。船—机—桨之间的能量关系如图5-1所示。

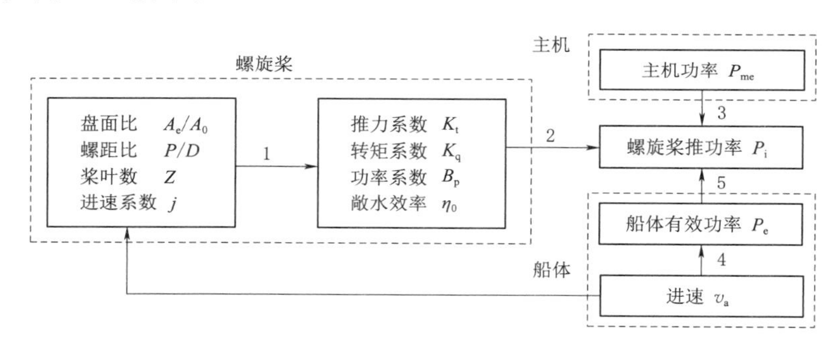

图5-1　船—机—桨之间的能量关系图

船舶动力系统能量配置是根据选定的船舶动力系统的传动形式，通过船—机—桨匹配计算和分析，确定各组件的型号和技术参数。船—机—桨能量配置是在研究船—机—桨在各种航行条件或各种工况下，能量转换的特性及其规律的基础上，选择合理的设备参数以满足船—机—桨之间存在的能量平衡、动力平衡和运动平衡要求。船—机—桨匹配关系如图5-2所示。

1）船舶作匀速直线航行时，主机与螺旋桨之间的关系如下：

运动关系：螺旋桨的转速 n_p 等于主机的转速 n_{me}，若有减速设备时，螺旋桨的转速 n_p 等于主机的转速 n_{me} 乘以传动比 i，即

$$n_p = n_{me} \quad 或 \quad n_p = n_{me} i \tag{5-1}$$

动力关系：螺旋桨的转矩 M_p 等于主机提供的转矩 M_{me}，即

$$M_p = M_{me} \tag{5-2}$$

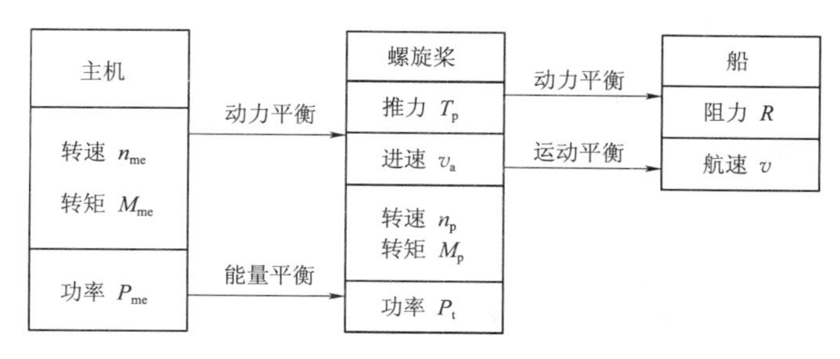

图 5-2　船—机—桨匹配关系

能量关系：螺旋桨的功率 P_t 等于主机功率 P_{me} 乘以效率（$\eta_s\eta_r$），即

$$P_t = P_{me}(\eta_s\eta_r) \tag{5-3}$$

2）螺旋桨与船之间的关系如下：

运动关系：螺旋桨的进速 v_a 等于伴流修正后的船速 v，即

$$v_a = v(1-w) \tag{5-4}$$

式中　w——伴流修正系数。

动力关系：螺旋桨的有效推力 T_p 等于船受到的阻力 R，即

$$T_p(1-t) = R \tag{5-5}$$

式中　t——阻力系数。

能量关系：船舶航行时的有效功率 P_e 等于螺旋桨的功率 P_t 乘以船身效率 η_h，即

$$P_e = P_t\eta_h \tag{5-6}$$

处于这一能量平衡点的船舶动力系统具有最佳的技术性能和经济效益。但船舶在实际运行过程中，航行条件和设备工况发生变化，如航区变化和装载变化而导致船舶阻力发生变化，船舶加减速、倒车、转弯、设备自身性能的变化等，船—机—桨的这一能量平衡常常会被打破，使得船舶动力系统的总体性能和经济效益降低，因此选择合理的船舶动力系统设备，保证船、机、桨的良好匹配，是船舶动力系统能量配置的重要内容。

船—机—桨能量配置综合考虑船体、螺旋桨、主机三者的能量关系、动力关系和运动关系要求，找出三者之间一个较好的平衡点，使桨与主机的能量匹配得到优化。船—机—桨能量配置包括初步能量配置和终结能量配置两个阶段。

初步能量配置的主要任务是在已知航速与有效功率的条件下，给定螺旋桨直径或螺旋桨转速，令机、桨功率匹配，确定螺旋桨最佳转速、敞水效率和螺距比等参数，选择合适的主机，以达到良好的性能匹配。

终结能量配置的主要任务是根据初步能量配置所确定的主机（功率、转速）、齿轮箱（传送比、传送效率）、螺旋桨（效率）以及船体参数等，确定船舶所能达到的最大航速和螺旋桨的最佳参数（直径、螺距比、效率等）。

终结能量配置是对初步能量配置结果的补充和优化，是根据初步能量配置所选定的主机的相关参数，在一定的航速范围内，选择匹配的螺旋桨参数以满足整体性能要求。初步能量配置是终结能量配置的基础，终结能量配置是初步能量配置的深化，能量配置设计过程是一个在满足性能指标和经济性要求之间反复迭代、反复权衡从而得到最优配置结果的过程。

（3）详细配置。详细配置是在能量配置给出的可选组件基础上，综合性能、结构、接口等信息，给出明确的船舶动力系统配置方案。

通过能量配置，明确了主机的功率和转速，齿轮箱的传送比和传送效率，螺旋桨的直径、螺距比和效率等参数，但要形成具体的配置方案，还需要根据性能、结构、接口等信息，选择满足要求的组件组合，明确其型号、详细计算参数等信息。

无论是能量配置还是详细配置，其设计思路都是根据船舶动力系统设计要求，通过选择匹配的机桨组合，满足预定的性能要求，并实现效率最大化，以达到良好的匹配效果和经济效益。在传统的设计过程中，详细配置通常采用人工方式。设计人员根据能量配置的结果，通过计算、推理、选择、配置，并结合以往设计经验完成船舶动力系统的选型，给出具体的船舶动力系统配置方案。采用这种人工配置的方法，配置过程较为复杂，对设计人员的设计经验和设计水平依赖程度较高，因此存在设计效率低、配置效果难以保证、配置过程智能化程度低等缺点。为了弥补人工配置的不足，提高船舶动力系统配置设计水平和设计效率，需要对船舶动力系统配置信息和设计人员的经验加以归纳、总结，构建船舶动力系统配置约束规则，建立相应的船舶动力系统配置模型，借助智能化的求解方法，得到相应的船舶动力系统配置方案。

5.2 清淤船主要动力系统

船舶推进系统是指发出一定功率、经传动设备和轴系带动推进器推动船舶并保证一定航速前进的设备。它是船舶动力装置中最重要的组成部分，主要包括主机、传动设备、传动轴系和推进器等。

本章主要研究柴油机动力推进系统、电池动力推进系统、液压动力推进系统、喷射动力推进系统等动力系统。

5.2.1 柴油机动力推进系统

常规柴油机推进系统主要由柴油机、传动设备、传动轴系、推进器（螺旋桨）等组成。中小型船舶的推进动力一般为中高速四冲程柴油机。传动设备是船舶推进系统中将功率传递的设备，一般由齿轮箱（离合器）、联轴器等传递部件组成。传动轴系是将主机发出的功率传递给推进器的中间部件，包括中间轴、螺旋桨轴、中间轴承、密封件、尾管等设备和部件。船舶推进器是推动船舶前进的机构，它是把由主机等动力设备发出的功率通过螺旋桨转换给船舶的推进力能量转换器，推进器通过克服阻力驱动船舶航行。推进器形式多样，按原理不同，主要有螺旋桨（定距桨、调距桨）和特种推进（如 Z 型传动）等类型。

柴油机推进装置中的一个重要设备是减速齿轮箱（有的带离合功能）。减速齿轮箱的作用是将柴油机的转速减至适应螺旋桨的转速，离合器的作用是将主机和齿轮箱结合或脱开，即结合时，主机的功率可以传递给从动部件，脱开时，船舶主机空车运转。

中小型船舶的这种推进方式的主要特点如下：

（1）主机转速可以不受螺旋桨要求低转速的限制，只要适当选择减速比，就可使主机的转速适应螺旋桨转速要求。

（2）轴系布置比较自由，主机曲轴和螺旋桨轴可以同心布置也可以不同心布置，以改善螺旋桨的工作条件。

（3）在带有正倒车离合器的装置中，主机不用换向，使主机结构简单，操纵灵活，机动性能好。

（4）有利于多机并车运行及设置轴带发电机。

离合器对于主动轴与从动轴间的轴向的相对偏差补偿有很好的作用，同时还能够起到削弱扭转振动和缓冲的效果，这种推进方式的缺点是结构较复杂。

1. 柴油机直接传动推进系统

直接传动是主机动力直接通过轴系传给螺旋桨的传动方式。在这种传动方式中，主机与螺旋桨之间除了传动轴系外，没有减速和离合设备，运转中螺旋桨和柴油机始终具有相同的转向和转速。

它的主要特点如下：

（1）结构简单，维护管理方便。只要安装时定位正确，平时管理中注意润滑冷却，一般不会出现大问题。

（2）经济性好，传动损失少，传动效率高。主机多为耗油率低的大型低速柴油机。螺旋桨转速较低，推进效率较高。

（3）工作可靠，寿命长。

其缺点是整个动力装置的重量尺寸大，要求主机有可反转性能，非设计工况下运转时经济性差，船舶微速航行速度受到主机最低稳定转速的限制。

2. 柴油机间接传动推进系统

间接传动是主机和螺旋桨之间的动力传递除经过轴系外，还经过某些特设的中间环节的一种传动方式。其中的中间环节有离合器和减速器传动、电力传动、液力传动、气压传动等。

（1）离合器、减速器传动。它的主要特点如下：

1）主机转速可以不受螺旋桨要求低转速的限制。只要适当选择减速比，就可使主机的转速适应螺旋桨的转速要求。

2）轴系布置比较自由。主机曲轴和螺旋桨轴可以同心布置也可以不同心布置，以改善螺旋桨的工作条件。

3）在带有倒顺车离合器的装置中，主机不用换向，使主机结构简单，工作可靠，管理方便，机动性提高。

4）有利于多机并车运行及设置轴带发电机。

其主要缺点是轴系结构复杂，传动效率低。这种传动方式多用于中小型船舶以及以大功率中速柴油机、汽轮机和燃气轮机为主机的大型船舶。

（2）液力传动。世界上首台液力传动装置是 19 世纪初由德国费丁格尔教授研制出来并应用于大吨位船舶上。它的主要特点如下：

1）自动适应性。液力变矩器的输出力矩能够随着外负载的增大或减小而自动地变大或变小，转速能自动地降低或增高，在较大范围内能实现无级调速。液力耦合器具有自动变速特点，但不能变矩。

2）防振、隔振性能。因为各叶轮间的工作介质是液体，它们之间的连接是非刚性的，所以可吸收来自发动机和外界负载的冲击和振动，使机器启动平稳、加速均匀，延长零件寿命。

3）透穿性能。透穿性能是指泵轮转速不变的情况下，当负载变化时引起输入轴（即泵轮或发动机轴）力矩变化的程度。液力元件类型不同，则透穿性不同，可根据工作机械的不同要求与发动机合理匹配，从而提高机械的动力和经济性能。

其主要缺点是液力传动效率较低，高效范围较窄，需要增设冷却补偿系统，使结构复杂、成本高。

(3) 气压传动。气压传动的主要缺点是推力小、安全性差，目前还处于实验室研究阶段。在船上的最广泛应用是作为主机的气动控制系统，作为主推进方式还未有实际应用。

(4) 电力传动。电力传动是主机驱动主发电机，将发出的电供给主电动机，从而驱动螺旋桨运转的一种传动方式，主要用于破冰船、拖船、渡船、军舰等。这种传动方式的特点如下：

1）主机和螺旋桨之间没有机械联系，可省去中间轴及轴承，机舱布置灵活。

2）主机转速不受螺旋桨转速的限制，可选用中、高速柴油机，并可在柴油机恒定转速下调节电动机转速，使螺旋桨转速得到均匀、大范围调节。

3）螺旋桨反转是靠改变主电动机（直流）电流方向来完成的，倒车功率大，操纵容易，反转迅速，船舶机动性能高。

4）主电动机对外界负荷的变化适应性好，甚至可以短时间堵转。

其缺点如下：

1）需要经过机械能变电能、电能变机械能两次能量转换，传动效率低。

2）增加了主发电机及电动机，使动力装置总的重量和尺寸增加，造价和维护费用提高。

5.2.2 电池动力推进系统

船舶电力推进系统是指由推进电动机带动螺旋桨使船舶前进的推进系统，该系统由原动机、发电机、输电配电系统、电动机、螺旋桨以及控制设备组成。电力推进系统一般采用柴油机作为船舶电力推进系统的原动机。

船舶电力推进系统主要工作方式是：原动机（一般为柴油机）带动发电机，发出的电能送至主配电系统，由配电系统汇流后分配至全船各用电场所，其中送至主推进电机的分支经变压器升压，目的是减小推进电机的尺寸和线路损耗。常见的电压等级有 6.6kV、12kV、20kV、36kV 等。升压后的电能送至交/直流转换器转换成直流电，然后经直/交流转换器转换成交流电，并在转换过程中按要求对电的频率进行调整，最后把满足要求的电流送至推进电机带动螺旋桨。

与传统推进方式相比，船舶采用电力推进具有以下优势：

(1) 良好的经济性和操纵性。电力推进系统配置多台中速柴油机用于发电，可根据用电负荷来选择发电机运行台数，从而保证机组始终处于高效工作区，并保持较低油耗率，实现最大的运行经济性。推进电机的转速易于调节，在正反转各种转速下都有恒定的转矩以得到最佳的工作特性，并通过电气控制实现电力推进的调速和倒车等工况，推进装置的机动性和操作性好。

（2）机组布置灵活，节省空间。电力推进的船舶采用电气连接替代机械连接，节省了减速齿轮箱和传动轴系等设备，特别是原动机的布置不受轴线的限制，可以在机舱整个空间内立体布置，改善了机舱布局。

（3）安全性好。电力推进船舶使用多台发电机组，若其中一台发电机出现故障，备用发电机组自动并车，可以及时满足船舶航行的动力需要和用电需求。

船舶采用电力推进的缺点是：由于增加了电气设备、控制设备等，船舶建造成本大大增加。此外，电力推进增加了能量转换的次数，推进系统的功率损失增大。

1. 电池动力源比较分析

目前电力推进系统的常用电池主要有燃料电池、超级电容器和动力电池等，它们的特性不同，适宜应用的场合也存在较大差异。

燃料电池的优点是：能量转化效率高，可达60%～80%；不污染环境，燃料是氢和氧，生成物是清洁的水，寿命长。质子交换膜燃料电池（PEMFC）具有低温快速启动、比功率能量大、转换效率高等优点，是载运工具的首选电源。但是，受技术条件限制，燃料电池的单体功率比较小，造价昂贵，并且制氢和氢的运输及储存等配套技术尚未成熟。

超级电容器也是目前应用和研究较多的一种新型绿色动力源，日本、俄罗斯、美国、法国、澳大利亚、韩国等国家都先后将超级电容器应用于电动汽车。在我国，超级电容器的研究和应用也有了一定的发展。2010年上海世博会园区内用于游客短驳的“世博大道”线上就有36辆超级电容公交车，通过实践的检验，其运载能力和稳定性值得肯定。尽管以超级电容器作为载运工具动力源有充电时间短（每次充电只需12～15min）、循环使用寿命长（充电循环次数约可达50万次）、使用温度范围大、能量回收效率高等特点，但由于其本身比能量低的特性，极大地制约了其续航能力的提高。对于公交车来说可以采用在线路的停靠站点建立充电站的方法来补救，但对于在海面上航行的船艇来说，暂时没有很有效的解决方案，因而应用超级电容器作为绿色纯电动艇的动力源并不合适。

动力电池技术日趋成熟，已经历了三代。第一代为阀控铅酸蓄电池；第二代为碱性蓄电池；第三代为锂离子电池。阀控铅酸蓄电池存在充电时间长、使用寿命短、质量能量比低、原材料铅污染等缺点，主要应用于电动自行车与电动摩托车，不适宜用作船舶动力能源。碱性蓄电池由于存在二次污染和价格问题已淡出市场。锂离子电池能量密度高于阀控铅酸蓄电池和碱性蓄电池，质量能量比高达190Wh/kg，单体电池的电压高达3.6V，在国家“863计划”和北京奥运电动汽车示范运行的应用中验证了锂离子电池的安全性、可靠性和经济性，是小型纯电能动力船舶合适的动力源。

2. 总体方案设计

电力推进系统采用动力电池，摒弃了柴油机动力，从根本上消除了燃油和废气排放污染；且电力推进设备是静止设备，没有噪声污染，完全满足环保要求。电力推进系统由电源系统和推进系统两部分组成，其基本结构如图5-3所示。电源系统由电池管理系统（BMS）、充电单元和动力电池组成。推进系统则由推进监控系统（PCS）、电能变换装置和推进电机组成。

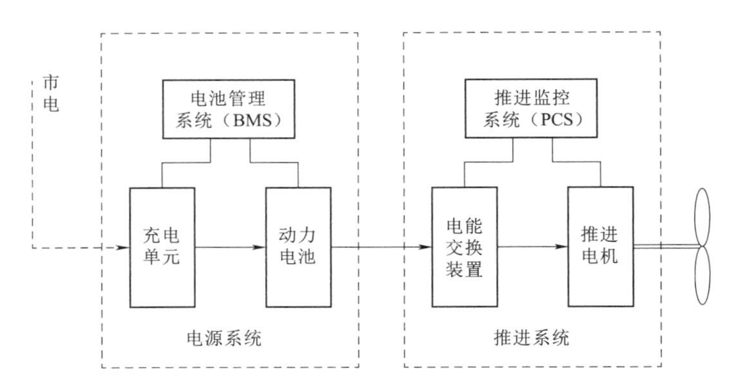

图 5-3　电力推进系统基本结构

3. 电源系统

（1）动力电池。目前常用的动力电池有镍镉、镍氢、密封铅酸、锂离子等，它们的技术指标存在较大差异，4 种常见动力电池的主要技术指标比较见表 5-1。

表 5-1　4 种常见动力电池的主要技术指标比较

技术指标	镍镉	镍氢	密封铅酸	锂离子
比能量/(Wh/kg)	30～60	60～80	30～50	110～190
常温使用循环次数/次	500～1200	400～600	300～500	400～1000
快速充电时间/h	1～3	2～4	2～5	2～4
标称电压/V	1.25	2.25	2	3.6
自放电速度/(%/月)	20	30	5	10
耐过充电特性	中	低	高	很低
记忆效应	有	无	有	无

为确保安全航行的要求，船舶在每次开航之前必须存储足够的动力能源，满足续航要求。但由于每次返航后，纯电动艇无法将电池存储的所有电能全部用尽，故选择的动力电池必须没有记忆效应才能满足设计要求。此外，相比其他几种动力电池，锂离子动力电池除了耐过充特性很低之外，其总体性能指标都较好，特别是比能量和标称电压最为突出，且其自放电速度很小。在实际应用时，可通过为锂离子电池的充电电路设计一个防止过充的安全电路，从而规避其耐过充特性差的缺点。

虽然目前锂离子动力电池价格较贵，但随着制造技术的提高和应用领域的扩展，其应用成本将会快速下降。综上所述，本船推进系统可选用锂离子动力电池作为动力源。在电池的实际选型过程中，遵循公式为

$$AH=\frac{Wt}{\rho f} \tag{5-7}$$

式中　AH——电源系统总容量；

W——负载功率；

t——续航时间；

ρ——电池能量转换效率；

f——电池放电率。

推进系统负载功率为 30kW（1 台 30kW 推进电机），全功率续航时间为 5h，经济航速续航时间为 8～10h。一般情况下，单组锂离子电池很难达到如此大的容量，所以根据需要，采用堆栈式电池组联合运行的方式，公式如下

$$n=\frac{AH}{AH_0} \tag{5-8}$$

式中 AH_0——单组封装的动力锂离子电池容量；

n——理论上所需要组合入堆栈式电池组的片数。

根据一般经验，实际选用的片数应比 n 略大一些。本船推进装置采用 100 组容量为 3A·h 的 224V（70 片 3A·h 3.2V 电池串联封装）的动力电池联合运行，符合推进要求。

（2）电池管理系统。电池管理系统（Battery Management System，BMS）包含充电单元，主要是对电池进行合理有效的管理和控制，维持电池良好的运行性能，延长电池使用寿命；实现无损电池的充电，监控电池的放电状态，同时对电池进行实时或定期自动检测、诊断和维护，最大限度地保证电池的可靠运行。电池管理系统还具备数据采集、荷电状态的估算、电气控制、温度管理、安全管理、数据通信等功能。电池管理系统的硬件示意如图 5-4 所示。

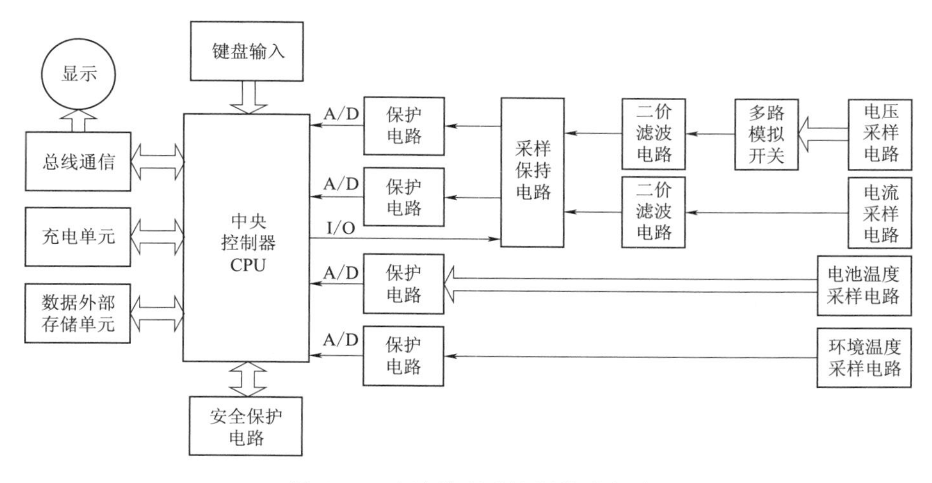

图 5-4　电池管理系统硬件示意图

在软件上，BMS 系统的主要功能如下：

1）数据采集功能（单体电压巡回检测、工作电流、电池组温度、环境温度检测）。

2）由电池的基本信息可确定电池的剩余电量（SOC）。

3）能够实现在电池充放电两种状态下的实时监控，判断故障原因。

4）实现总线通信，将电池的采集、计算、故障信息传输到液晶显示单元进行显示。

4. 推进系统

（1）推进电机。推进电机直接驱动螺旋桨产生推力，并作用于船体，使船舶发生运动。船舶在静水中无外力约束自由航行达稳态时，螺旋桨转矩与其转速的关系近似为一条二次曲线，其表达式为

$$M_{py}=K_{M}\rho D^{5}n^{2}=K_{py}n^{2} \tag{5-9}$$

式中 M_{py}——船舶稳定航行时的螺旋桨转矩，N·m；

ρ——海水密度，kg/m³，通常取 1025kg/m³；

D——螺旋桨直径，m；

n——螺旋桨转速，rad/s；

K_{py}——转矩系数；

K_{M}——无因次扭矩系数。

电动机类型的选择对动力系统以及航行器整体性能有较大影响，所以根据上述性能要求对推进电机的类型进行分析和选择。表 5-2 对永磁有刷直流电动机、无刷直流电动机、开关磁阻电动机和变频调速异步电动机在某些技术指标上做了定性分析。

表 5-2　4 种电动机的比较

项目	永磁有刷直流电动机	无刷直流电动机	开关磁阻电动机	变频调速异步电动机
结构可靠性	差	好	好	好
效率	较高	高	较高	较低
调速性能	好	好	好	较好
功率/体积比	较低	高	较高	低
电机本体成本	高	较高	低	较低
控制器成本	低	较高	较低	高

由表 5-2 可见，无刷直流电动机既具备交流电动机结构简单、工作可靠、维护方便、寿命长等优点，也具备普通直流电动机运行效率高、转矩大、调速方便、动态性能好等优点，同时克服了普通直流电动机机械换向所引起的电火花干扰、维护难等诸多缺点。该推进系统中，推进电机选 2 台功率为 15kW 的无刷直流电机。

（2）推进监控系统。推进监控系统主要完成船舶推进与操纵控制、电能综合管理、运行状态实时监测功能，实现电力推进系统高可靠性和高安全性的自动化、智能化控制。本书使用工业控制计算机作为系统上位机，PLC（可编程逻辑控制器）作为系统下位机，两者之间通过以太网完成数据交换。

电能变换装置采用电流型逆变器，其主要功能是将动力电池的直流电能变换成推进电机所需的电能，实现推进电机的启动、调速、制动控制，完成推进电机电气制动电能回馈，降低能耗，同时，提供推进电机的各种继电保护和运行状态数据。

推进监控系统结构如图 5-5 所示。

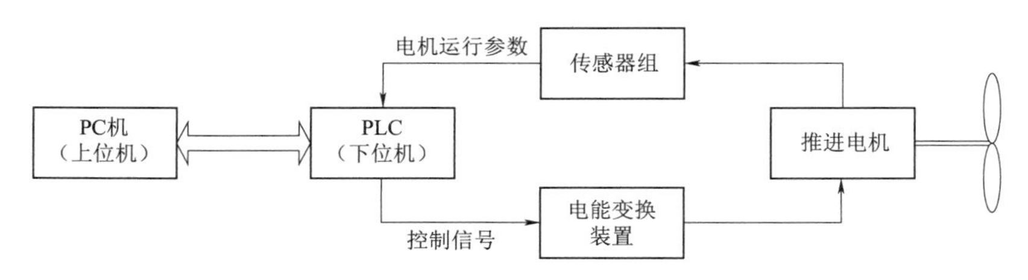

图 5-5　推进监控系统结构

推进监控系统对推进电机的操纵主要由电能变换装置来实现，它将 PLC 发出的电机控制信号进行必要的转换，来实现直流无刷电机正常的启动、正转、倒转和调速。系统对电机运行参数的监测主要通过传感器组实现，它们将推进电机的转速、电压、电流、温度、功率、转子位置等运行参数通过传感器组读出送至 PLC 内部进行处理。

PLC 将处理完的数据打包送至上位机，由上位机对数据进行筛选和过滤，并与初始设定值比较。如出现异常则发出报警信号，以保护系统安全。推进监控系统的主要报警信号有电机高温、绝缘故障、电机超速等，同时在软件设计中也考虑部分故障情况下的越控操作。

综上，动力电池推进系统以动力电池为动力源，无刷直流电动机为推进器，通过电池管理系统和 PLC 协调控制，摒弃了柴油机动力，从根本上消除了燃油和废气排放污染，完全满足环保要求。

5.2.3 液压动力推进系统

1. 液压动力推进系统的研究现状

（1）液压动力推进系统在大型工程机械和船舶甲板机械上已经广泛使用，运行状况良好。

（2）液压动力推进系统的主要设备变向变量液压油泵、油马达和控制元件在大功率范围的生产技术已经成熟，液压油泵、油马达和控制元件已实现系列化，零部件实现标准化。

（3）液压动力推进系统设计朝着节能与微电子、计算机技术相结合方向发展，出现了数字泵及把单片机直接装在液压元件上的具有定位或力反馈功能的闭环控制液压元件及装置。计算机辅助设计、辅助绘图、辅助工艺及辅助制造等技术在液压工业中也进入实用阶段。

（4）新材料和新工艺的发展使液压元件的寿命逐年提高，达到或接近液压推进系统的使用要求，特别是液压密封技术的发展，良好的密封性能使油马达直接带动螺旋桨推进的设计成为可能。

（5）对油液污染控制技术的应用，确保液压油在使用过程中的各项重要指标在随时监控之下，使液压动力推进系统及元件可靠性逐年提高。

（6）液压组合元件如叠加阀、集成阀、插装阀及把各种控制阀集成于液压泵及液压执行器的组合元件的出现达到了集机、电、液于一体的高度集成化。

（7）液压油有供不同温度、压力下使用的品种可供选择。液压泵和油马达随功率的增大其单位功率的重量下降，工作效率提高，因此液压推进系统更用于大功率场合。

（8）液压泵、油马达运动部件静力平衡设计和静压支承技术的应用使大功率液压泵和油马达的设计制造成为可能。目前大功率油泵、油马达已在船舶大型浮吊和大型港口机械上广泛使用，运行性能良好。

2. 液压动力推进系统的原理及特点

船舶液压动力推进系统是采用一台或多台船用柴油机为主机，利用液压回路作为传动装置驱动螺旋桨回转，使船舶实现前进、后退、变速等动作。液压推进原理示意如图 5-6 所示。

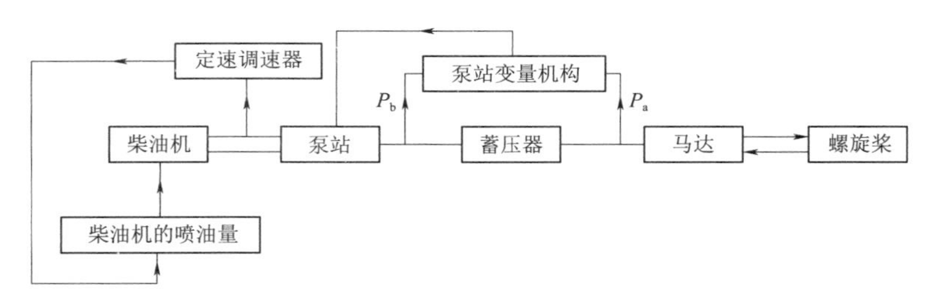

图 5-6　液压推进原理示意简图

与现有的推进方式相比，液压推进的船舶有如下优点：

(1) 操纵控制方便，机动性能好。柴油机定速运行的条件下，螺旋桨可以在反向额定转速与正向额定转速之间进行无级调速和换向，对控制信号的响应比使用柴油机直接推进的响应快得多，动态过程稳定时间短。若使用可 360°旋转的推进器，则船舶可独立进出港，可省略舵设备，减少船舶阻力。

(2) 安全可靠性好，振动小，噪声低。液压推进可以使用多台原动机，各台原动机既可独立工作又可联合使用，推进器也可采用多个螺旋桨，且都是独立控制，因而当个别机组有故障时只对船速有影响，而不会导致瘫船。即使部分原动机和部分螺旋桨同时发生故障船舶仍具有航行能力，这对客船尤为重要。

(3) 动力设备相对于电力传动设备总重量轻、体积小，有利于机舱布置。液压推进采用无换向装置的中高速定速柴油机作为主机，使单位功率的重量大大减少，机动操作时工作可靠性也大幅度提高。由于省去传动轴系，机械设备的总重量比同等功率柴油直接推进的船舶减少约 30%，相应地节省了船舶的舱容。柴油机安装位置和螺旋桨的安装位置可根据机舱位置多层布置，互不影响，避免了柴油机动力推进系统中柴油机轴线必须与轴系中心线、螺旋桨中心线在同一直线上，而不得不垫高机座位置的不合理布置情况的出现。采用多个螺旋桨，可避免单桨船的螺旋桨直径过大、重量过重，且空载时易飞车和产生振动的不足。灵活的布置还会使机舱空间得到充分利用，机舱所需容积减少，有利于货物的装载。

(4) 合理利用能源，有利于主机驱动辅助负荷。液压推进可使用多台柴油机作为主机，根据需要选择柴油机的使用台数，使每台机组都能工作在比较理想的负荷下。这样不仅对柴油机的良好燃烧和使用重油有好处，而且可以减少维修保养工作和降低备件费用。这对于时常工作在变负荷的船舶更显示出其优越性（如穿梭油船、渡船、破冰船等）。

(5) 延长了主机的使用寿命。采用液压推进的方式时，改变变量泵的斜盘倾角方向和大小就可以改变马达的旋转方向和转速。这就使主机转速可以固定在最适当的位置，减少了主机启、停次数，从而减少了运动部件的磨损和受热部件的热疲劳损坏。主机无需换向，不用设换向装置，使结构简化，减少了维护管理工作。

船舶液压推进的缺点如下：

(1) 液压传动不能保证严格的传动比，这是由液压油的可压缩性和泄漏等因素造成的。

(2) 液压传动在工作过程中常有较多的能量损失（摩擦损失、泄漏损失等）。

(3) 液压传动对油温的变化比较敏感，它的工作稳定性容易受到温度变化的影响，因此不宜在温度变化较大的环境条件下工作。

（4）为了较少泄漏，液压元件在制造精度上要求比较高，造价较贵，因此对油液污染比较敏感。

（5）液压传动故障的原因很多，不易排除。

从上面可以看出液压传动的缺点，一方面可以通过提高管理人员的素质来克服，另一方面可以通过各种技术手段来降低对系统的影响。

船舶液压推进可以弥补现有推进装置的不足，对现有船舶推进装置来说是一个不错的选择和有益的补充。

3. *液压动力推进系统设计*

根据船舶推进动力装置的控制要求，整个液压动力推进系统分为主回路和辅助回路两部分。根据船舶的航行状态，船舶液压动力推进系统需要满足启动加速、快进、工进和减速制动四个方面的要求。

（1）调速方式。液压系统常用的调速方式有以下三种：

1）节流调速。这种调速方式适用于由定量泵和定量执行原件所组成的液压系统。

2）容积调速。通过改变变量泵的供油量或改变液压马达的排量来实现调速。

3）容积节流调速。采用变量泵供油，通过节流阀或调速阀改变流入或流出执行元件的流量，以实现调速。

调速回路一般应满足以下基本要求：

1）能在工作部件所需要的最大和最小的速度范围内，灵敏地实现无级调速。

2）载荷变化时，调好的速度不会发生变化，或仅在允许的范围变化。

3）功率损失要小，以节省能源，减少系统发热。

4）结构简单，安全可靠。

清淤船采用容积调速的方式，系统中的油液循环一般采用闭式的。开式回路结构简单，散热性好，但油箱体积较大，空气易渗入油液中，使系统工作不够稳定，效率较低。开式回路的液压泵必须具有较高的自吸能力。这种回路方式通常用于液压传动装置体积不受限制的系统。

相对于开式回路，闭式回路结构复杂，闭式回路的进油管直接与执行元件的回油管相连，工作液体在封闭的系统中循环，结构较为紧凑，泵的自吸性好，系统与空气接触的机会少，空气不易进入系统，散热性差，传动平稳性较好，减少了在换向过程中所出现的液压冲击。开式回路的回油背压常消耗在背压阀或节流阀的节流损失上，并转变为热能。闭式回路的回油背压可以直接作用液压泵的吸油口上，变为推动液压泵旋转的动力，从而减少原动机的功率消耗，效率较高，同样，液动机换向时，由于运动惯性而产生的液压冲击，也可被回路吸收，变为推动液压泵旋转的动力。因此，闭式系统有着管路损失小、容积调速时效率较高等优点，但其散热较差，故在选择闭式系统的同时，需要在系统中增加辅助油泵来换油冷却。闭式回路通常采用双向变量泵。但是闭式液压系统中主泵一般只能为一个执行机构供油，不适用于多个负载的系统，故船舶液压推进系统船舶上宜采用开式、半开式液压系统，这样可以使多个工作机械共用一套油源，使系统简化，且减少经费投入。

（2）油路循环方式。油路循环方式主要取决于液压调速方式。由于采用了容积调速的方式，系统中的油液循环一般采用闭式的。开式回路结构简单，散热性好，但油箱体积较大，空气易渗入油液中，使系统工作不够稳定，效率较低。开式回路的液压泵必须具有较高的自吸能力。通常用于液压传动装置体积不受限制的系统。

相对于开式回路，闭式回路的进油管直接与执行元件的回油管相连，工作液体在封闭的系统中循环，结构较为紧凑，泵的自吸性好，系统与空气接触的机会少，空气不易进入系统，传动平稳性较好，减少了在换向过程中所出现的液压冲击。同时，闭式系统有管路损失小、容积调速时效率较高等优点，但其散热较差，故在选择闭式系统的同时，需要在系统中增加辅助油泵来换油冷却。

（3）动力源形式。液压油源具有液压传动系统和液压控制系统两者的作用和特点，因此，对其要求比较全面，主要有下列几点：

1）液压油源应满足控制系统的基本要求，即稳定性要好。考虑到实际的液压控制系统中元件的参数和特性都会产生一些变化，因此液压油源必须有一定的稳定裕度，以适应液压系统的需要。同时要根据液压控制系统的要求，液压油源的响应速度要跟上液压系统信号的变化，而且能满足液压系统所控制的精度。

2）液压油源的功率、流量和压力应满足伺服系统负载功率及最大速度和力的需要。为了尽量提高油源的效率，只要伺服系统的负载曲线完全被油源装置的流量、压力曲线包围，适当考虑损失即可。

3）对发热和温升要进行验算。因液压油源直接向控制系统供液，对油温要有限制，一般不超过40℃，性能要求高的大功率油源，应安装冷却装置。

4）油液要防止空气进入，一般对油源加压1.5×10^{4}Pa以减少空气混入。油要清洁，一般伺服系统用油的过滤精度要控制在10μm以下，要求高的系统可提高到5μm。

5）确定液压泵的工作压力，应考虑到系统的压力损失，计算式为

$$P_2 \geqslant P_1 + \sum \Delta P \tag{5-10}$$

式中 P_1——液压泵或液压马达的最大工作压力；

P_2——液压泵或液压马达的工作压力；

$\sum\Delta P$——液压泵出口到液压马达进口之间的管路沿程压力损失和局部压力损失之和。

另外，动力源形式与调速方案有关。当采用节流调速时，只能采用定量泵做动力源；当采用容积调速时，可采用定量泵或变量泵做动力源；当采用容积—节流联合调速时，必须采用变量泵做动力源。

4. 液压动力推进系统参数计算及元件选择

对于船舶动力装置来说，不仅各个部件要能够达到船舶设计要求的技术指标，而且它们之间的配合特性至关重要。因为工况特性的好坏不单单影响船舶的经济性，同时对船舶的安全可靠性也将产生重要影响。

（1）螺旋桨选型计算。从螺旋桨的选型入手，螺旋桨所需的力矩为

$$M_f = K\rho n^2 D_{pp}^5 \tag{5-11}$$

式中 K——螺旋桨的扭矩系数；

ρ——海水密度，kg/m^3；

D_{pp}——螺旋桨直径，mm；

n——螺旋桨的工作转速，rad/s。

负载力矩方程为

$$M=J_{t}\frac{d^{2}\theta}{dx^{2}}+B_{m}n+G\theta+M_{f} \tag{5-12}$$

式中　J_t——马达和负载的总转动惯量，N·m·s/rad；

B_m——马达以及负载的总黏性阻尼系数，N·m·s^2/rad；

G——负载的扭簧系数，N·m/rad；

θ——液压马达的转角。

（2）马达选型计算。如果不计马达和螺旋桨传递过程中的损失，则马达的输出转矩应该等于负载的转矩，则

$$PV=J_{t}\frac{d^{2}\theta}{dx^{2}}+B_{m}n+G\theta+M_{f} \tag{5-13}$$

式中　P——马达的工作压力，N/m^2；

V——马达的排量，m^3/rad。

将式（5－13）转化，得到马达的工作压力 P 为

$$P=\frac{1}{V}\left(J_{t}\frac{d^{2}\theta}{dx^{2}}+B_{m}n+G\theta+M_{f}\right) \tag{5-14}$$

由于液压马达选定后 V 为固定值，故负载压力与负载力矩 M 成正比，但小于油源压力 P_s，故液压马达的排量选取应满足下式

$$V\geqslant\frac{M_{max}}{P_{s}} \tag{5-15}$$

液压马达的转角是不断变化的，从而导致马达的转速变化。现设马达的转角为

$$\theta=\theta_{m}\sin\omega t \tag{5-16}$$

式中　θ_m——马达转角的最大值；

ω——待设系统的频带宽度。

将式（5－16）代入式（5－12）中，得

$$M=J_{t}\frac{d\theta_{m}}{dt}\omega\cos\omega t+B_{m}\frac{d\theta_{m}}{dt}\sin\omega t+M_{f}=\frac{d\theta_{m}}{dt}\sqrt{J_{t}^{2}\omega^{2}+B_{m}^{2}}\sin(\omega t+\varphi)+M_{f} \tag{5-17}$$

其中

$$\varphi=\arctan\frac{J_{t}\omega}{B_{m}} \tag{5-18}$$

可通过函数求极值的方法来求得 M_{max}，将求得的 M_{max} 代入式（5－9）中可求得液压马达的排量 V。

液压马达的流量方程只取高压腔的流量方程，有

$$Q_{m}=C_{im}(P_{1}-P_{2})+C_{em}P_{1}+q_{m}\frac{d\theta_{m}}{dt}+\frac{V_{0}}{\beta_{e}}\frac{dP_{1}}{dt} \tag{5-19}$$

式中　Q_m——马达的输入流量，m^3/s；

q_m——马达排量，m^3/rad；

C_{im}——马达的内漏系数，$m^5/(N \cdot s)$；

C_{em}——马达的外漏系数，$m^5/(N \cdot s)$；

V_0——高压腔一侧的泵、马达以及管道等容积之和，m^3；

β_e——液体的体积弹性模数。

由于 P_2 通常很低，故可以从上式中略去，因此 Q_m 可表示为

$$Q_m = q_m \frac{d\theta_m}{dt} + C_{tm} P_1 + \frac{V_0}{\beta_e} \frac{dP_1}{dt} \tag{5-20}$$

其中

$$\frac{dP_1}{dt} = \frac{\frac{d\theta_m}{dt} \omega \sqrt{J_t^2 \omega^2 + B_m^2}}{V} + \cos(\omega t + \varphi) + \frac{M_f}{V} \tag{5-21}$$

式中 C_{tm}——马达的总泄漏系数，$C_{tm} = C_{im} + C_{em}$。

当 M_f 为时间函数时，可得到

$$Q_m = V \frac{d\theta_m}{dt} + C_{tm} P_s + \frac{V_0 \frac{d\theta_m}{dt} \sqrt{J_t^2 \omega^2 + B_m^2}}{\beta_e V} \tag{5-22}$$

上式右边各项系数均为已知，故 Q_m 可以求出，因而由 V、P_2 和 Q_m 可选出液压马达，若马达的总泄漏系数 C_{tm} 等参数不易求得，也可近似取。

（3）液压泵计算。下面对于变量泵的参数进行选择，变量泵的高、低压腔是可以相互转换的，因而马达的旋转方向也是可变的。马达克服螺旋桨负载而运动的状态完全由高压腔的流量及其压力来决定，而低压腔的压力很低基本不变，因此变量泵的流量方程为

$$Q_p = q_p \frac{d\theta_p}{dt} - C_{ip}(P_1 - P_2) - C_{ep} P_1 \tag{5-23}$$

式中 Q_p——泵的输出流量，m^3/s；

q_p——泵的排量，m^3/rad；

C_{ip}——泵的内漏系数，$m^5/(N \cdot s)$；

C_{ep}——泵的外漏系数，$m^5/(N \cdot s)$；

θ_p——泵的转角，rad。

略去 P_2，有

$$Q_p = q_p \frac{d\theta_p}{dt} - C_{tp} P_1 \tag{5-24}$$

式中 C_{tp}——泵的总泄漏系数，$m^5/(N \cdot s)$，$C_{tp} = C_{ip} + C_{ep}$。

故

$$q_p \frac{d\theta_p}{dt} = Q_p + C_{tp} P_1 \tag{5-25}$$

取

$$q_{pMax} \frac{d\theta_p}{dt} = Q_{mMax} + P_{tp} P_s \tag{5-26}$$

或

$$q_{pMax}\frac{d\theta_p}{dt}=\frac{Q_{mMax}}{\eta_p} \tag{5-27}$$

式中　q_{pMax}——变量泵的最大单位排量，m^3/rad；

η_p——变量泵的容积效率，可取0.9。

故变量泵的最大流量为

$$Q_{pMax}=q_{pMax}\frac{d\theta_p}{dt}=Q_{mMax}+C_{tp}P_s=\frac{Q_{mMax}}{\eta_p} \tag{5-28}$$

式（5-28）求出的变量泵最大流量 Q_{pMax} 以及主机的转速，要求可初选转速 $d\theta_p/dt$，再代入式（5-28）可得到

$$q_{pMax}=\frac{Q_{pMax}}{\frac{d\theta_p}{dt}} \tag{5-29}$$

由此又可求出排量梯度为

$$K_{dp}=\frac{q_{pMax}}{\varphi_{pMax}} \tag{5-30}$$

式中　K_{dp}——变量泵的排量梯度，$m^3\cdot rad^2$；

φ_{pMax}——变量泵的最大倾角，rad。

（4）柴油机的选型计算。柴油机的有效功率可表示为

$$N_e=\frac{n_e i V_h P_e}{3000\delta} \tag{5-31}$$

式中　N_e——柴油机的曲轴转速，r/min；

i——汽缸数；

V_h——柴油机汽缸工作容积，cm^3；

P_e——平均有效压力，MPa；

δ——冲程数。

柴油机在带动液压泵站运转时是按负荷特性工作的，这就意味着转速不变而只改变喷油泵的循环供油量，即当外界负荷变化时，柴油机改变循环供油量使输出功率改变，柴油机的输出功率要大于液压泵站所需要的功率。

5. 滤油器的选择

选择滤油器时主要考虑以下性能指标：

（1）工作压力。不同结构型式的滤油器允许的工作压力不同，因而选用滤油器时应考虑到它的工作压力峰值。

（2）最大允许压降。由于滤油器是利用滤芯的无数小孔和微小间隙来滤除油液中的杂质的，因此油液经过滤芯有压降产生。压降的大小与液流的黏度、流速、杂质的多少有关，所以要根据压降的大小来选择滤油器。

（3）过滤精度。过滤精度是指油液经过滤油器时滤芯能够清除的最小机械杂质的颗粒度的公称尺寸。精度等级制的目的是想解决两个问题：一是为获得所希望的过滤精度，要确定滤油器过滤介质的形状、最大微孔的尺寸和微孔的分布情况；二是保证足够的使用寿

命时间，要确定滤油器必须提供的微孔数量。由于污染物的性质因系统不同会有很大差别，因而上述参数很难同时满足，只要求过滤器滤除的颗粒数保持在90%以上。因此选用滤油器要注意根据系统的实际需要进行选择。

(4) 通油能力。油液通过滤油器时，一般可视为通过多重、直通、定直径的毛细孔的层流运动，通过一个小孔或缝隙的速度为

$$v=K\ \frac{\Delta P}{\mu} \tag{5-32}$$

式中 ΔP——小孔前后压力差，Pa；

K——通油能力系数；

μ——油液动力黏度，$N \cdot s/m^2$。

当滤芯总的有效过滤面积为 A 时，其通油能力 Q 为

$$Q=\mu A=\frac{A\Delta P}{\mu} \tag{5-33}$$

当已知油液动力黏度、滤油器前后压差 ΔP，即可计算过滤器的过滤面积，从而选择过滤器。

(5) 纳垢容量。随着积聚在滤油器中的杂质逐渐增多，滤油器前后压降也逐渐升高。当压降达到规定的最大值时，将积聚在滤油器中的杂质重量的最大值称为纳垢容量。纳垢容量是决定滤油器工作寿命和确定保修期的依据。

当滤油器确定后，其安装位置也非常重要。在理想情况下，应同时采用两种过滤器，特别是重要的系统中，先用一个深度型前置过滤器滤除大量污物，然后用一个表面型过滤器滤除余下的污物。通常情况下可参照以下步骤来确定滤油器的位置：

1) 确定最易污染的部位。通常是伺服阀、工作节流孔和油泵马达。确定关键部件之前的滤油器等级，一般情况下是精滤。

2) 选择大容量的粗滤油器来净化系统油液，一般设置在收集系统污物及集中的地方。把精滤油器设置在控制元件前边，起精滤作用。

3) 若系统中有几个关键元件，一般不设置数个滤油器，而是在油泵出口设置一个滤油器，而在泵进油管道上安装一个粗的表面型滤油器，这时油箱应设置沉淀污物措施。

6. 系统安全

在清淤船液压动力推进系统中，可用溢流阀作为定压阀、安全阀，防止液压系统过载，并设置应急泵作为动力源及控制油源，以保证主泵发生故障时，可以利用应急泵使液压机构在短时间内仍能正常工作。

5.2.4 喷射动力推进系统

根据对工程清淤船的调查分析可知，目前国内普遍采用的是自航式结构。就黄河中下游地区而言，由于黄河的特殊条件，所使用的工程清淤船大都是自航式清淤船，清淤船的迁移依靠其他机动船舶的索引拖动，使得机动作业及独立作业变得非常困难。工程清淤船的自航问题已越来越突出。

在对工程清淤船调查分析的基础上，针对螺旋桨推进和喷水推进结构的具体问题，在

对其推进系统进行对比分析后，提出了如图 5-7 所示的喷射动力推进系统，较为合理地解决了吸水、喷射推进、工作切换及操作的问题。

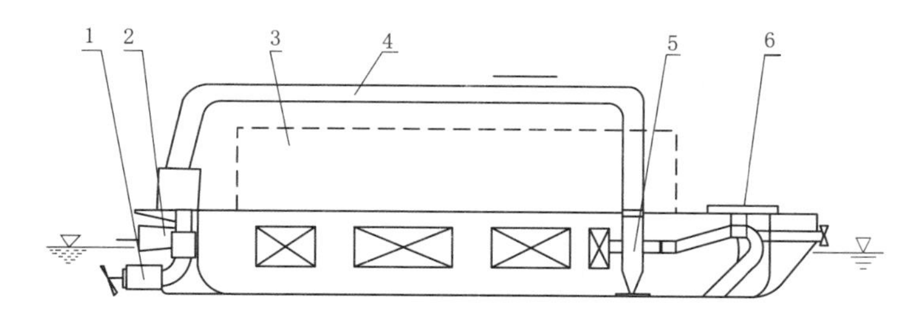

图 5-7 工程船喷射动力推进系统示意图

1—喷射推进器；2—输沙接管；3—机舱；4—输沙管；5—主动力泥浆泵；6—吸水口转换器

从图可知，与自航式清淤船相比，船体由方体结构变成相应的流线型（相对而言），增加了吸水口转换器（箱）、船底扁平吸水口控制分流箱和相应的喷射推进器。其工作原理为：工作时使吸水口转换器（箱）处于工作状态，关闭控制分流箱便可正常工作；航行时，使吸水转换器（箱）处于从船底吸水状态，拆去输沙浮箱体，开启控制分流箱便可实现机驾合一操作航行。

衡量推进系统优劣的标准是喷射推进效率的高低、工作性能的优劣，以及在相应动力条件下整个喷射推进系统的推力大小。现就喷射动力推进系统的性能进行分析对比和计算。

1. 喷射动力推进系统的性能分析

喷射动力推进系统主要由吸入口转换器（箱）、控制分流箱、喷射推进器组成。每一部分都具有其功能，工作过程中便形成了一个有机的统一整体。

（1）吸入口转换器（箱）性能分析。吸入口转换器（箱）模型如图 5-8 所示。

本吸入口转换器（箱）采用从船底逆水流（与航行同向）方向进水的方式。与常规的船首进水的结构型式相比，这种方式提高了行进的助推力；同时，逆水流方向进水减小了船体与水流的相对速度。

（2）控制分流箱性能分析。作为推进系统不可缺少的部分，控制分流箱的作用是实现机驾合一，便于航行操作；其功能与节流阀相似，但克服了阀件磨损破坏和密封的问题，同时减小了水流阻力损失，提高了工作的稳定性和可靠性。

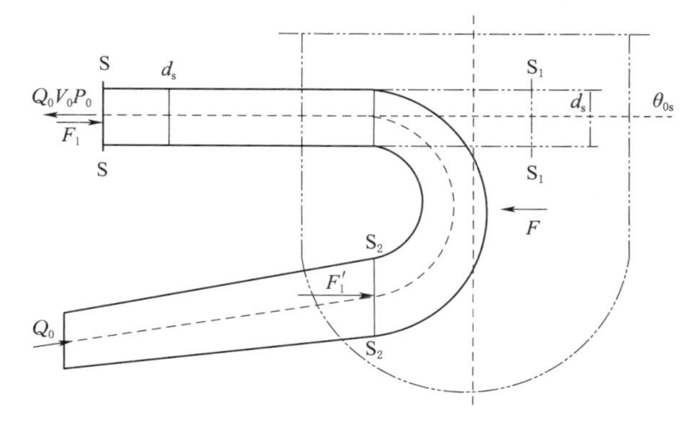

图 5-8 吸入口转换器（箱）模型

（3）喷射推进器性能分析。喷射推进器是推进系统的主要部分，其结构模型如图 5-9 所示。

本结构型式与简易的喷水推进器相比，不仅从结构上增加了整流罩和工作流体收集罩两部分，而且从原理上进行了改善。本喷射推进结构充分利用水喷射的紊动结构在船尾部形成

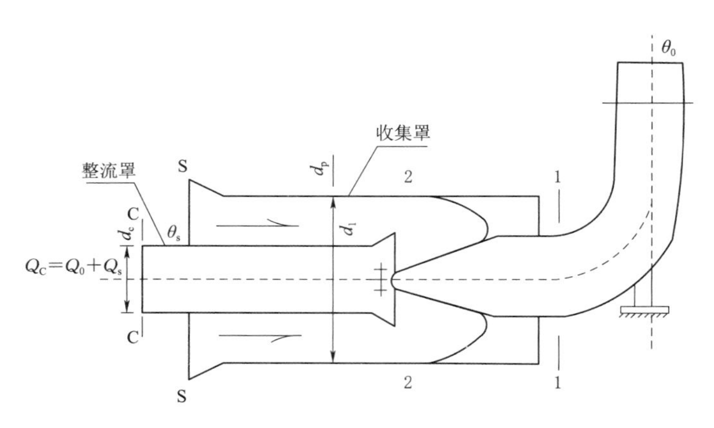

图 5-9　喷射推进器的结构模型

的射流抽吸作用，通过工作流体收集罩从尾部进水，然后转向 180°，使动量转化为向前的推力，同时通过整流罩的作用，又与高压喷射流合二为一，共同喷射，两者的联合作用大大提高了喷射的推动力。

2. 喷射动力推进系统性能计算

本书只对喷射动力推进系统的主要部分进行计算，至于船体的阻力及造波的影响计算，已有成熟的计算方法和经验，可参考有关资料。为了简化推导过程，从整体结构考虑，在对各部推力计算的分析中，省去了位能及压能的变化效应，因在整体计算中，彼此的影响可相互抵消，从而简化了计算。

（1）进水机构辅助推力计算。公式为

$$F=F_1+F_1' \tag{5-34}$$

若略去弯管的局部水头损失，有 $F_1=F_1'$，则

$$F=2F_1' \tag{5-35}$$

在断面 S-S 与断面 S_2-S_2 之间用动量方程

$$\frac{G}{g}v_1'=\frac{Gv_1}{g}=2PA \tag{5-36}$$

其中

$$G=Q\gamma$$

式中　G——体积流量；

Q——流量；

γ——比重；

P——压强；

A——断面面积；

v_1——流速。

故有

$$F_1=PA=-\frac{G}{g}v_1=-\frac{Q}{g}\gamma v_1 \tag{5-37}$$

$$F=2F_2=-\frac{2Q}{g}\gamma v_1 \tag{5-38}$$

式（5－33）负号说明与之方向相反；式（5－34）为辅助推力的计算公式。当 $Q=1000\mathrm{m}^3/\mathrm{h}$，$v=3\mathrm{m/s}$ 时，有 $F=220\mathrm{kg}$。

（2）喷射推进器的推进计算。根据喷射推进结构的特点和流动状态，参照有关技术文献，可知喷射推进器的集流罩已处于极限吸入流量状态，达到其过流能力，此时可采用分流汽蚀流动模型确定其工作性能。高压喷射与集流推流推力可单独进行计算，而不影响其计算精度。

1）高压喷射推力计算。由图5－9的断面2－2与断面1－1取脱离体，用动量方程可得

$$\frac{Gv_0}{g}-\frac{Gv_N}{g}=P_0A_0 \tag{5-39}$$

式中 v_0——喷嘴的喷射速度；
v_N——船的航速；
A_0——喷嘴面积；
P_0——压强。

又有

$$P_0A=F_0=\frac{Q\gamma}{g}(v_0-v_N) \tag{5-40}$$

式中 v_0——喷嘴的喷射速度；
v_N——船的航速；
F_0——喷射推力；
Q——流量；
γ——比重；
P_0——压强；
A——断面面积。

实际应用中，v_0 远远大于 v_N，初算时可略去 v_N 的影响，则有

$$F_0=\frac{Q\gamma}{g}v_0 \tag{5-41}$$

式（5－41）为喷射主推力的计算式。从以上分析可知，要计算推力的大小，首先要知道流量或流速的大小，因此流量的计算是辅助推力计算的关键。

2）集流器的流量确定。根据图5－9，分别在断面S－S、2－2及C－C利用动量方程、连续性方程和能量方程，经分析整理后可得到集流器的流量为

$$Q_s=Q_0\left(M_km-\frac{M_k}{\Phi+M_k}\right) \tag{5-42}$$

式中 m——喷嘴与整流罩的面积比；
Q_0——喷射流量；
Φ——流速系数。

3）喷射辅助推力计算。按照流体力学原理，参照以上推力计算公式的推导，得到喷射辅助推力计算公式为

$$F_s=\frac{2Q_s}{g}\gamma v_s \tag{5-43}$$

式中　v_s——断面 2-2 集流器环面的流速。

4）喷射动力推进系统的推力计算。喷射动力推进系统的推力为各部分推力之和，即

$$F_{推}=F+F_0+F_s=\frac{2Q\gamma}{g}v_1+\frac{Q\gamma}{g}v_0+\frac{2Q_s}{g}\gamma v_s=\frac{Q\gamma}{g}(2v_1+v_0+2v_s) \tag{5-44}$$

而简单喷射推进的推力为

$$F_{简}=\frac{Q\gamma}{g}(v_0-v_1) \tag{5-45}$$

故知，新型喷射推进器的推力远大于简易喷射推进的推力，从而提高了推进器的效率，加大了船舶的航行速度。

5.3　动力系统选型

发动机选择对清淤船设计影响较大，特别是要兼顾它在推进器连接和结构布置上的作用。在设计阶段对发动机进行评估，目标是要选择出重量最轻、重心最低、尺寸最小和与任务和服务需要一致的偏保守动力等级的发动机，并根据其对快速性、可靠性及性价比等要求的综合满足情况加以对比确认。

5.3.1　柴油发动机主机

主机是船舶动力装置的核心设备，它直接影响船舶的整体性能。根据本船的特点，为提高船舶整体性能，主机选型要遵循以下原则：技术先进、价格适中、实用可靠、操纵检修方便、售后服务齐全的船用高速直列或 V 形四冲程柴油机；外形尺寸小、重量轻；功率在满足航速的前提下选取，考虑船舶使用和运行几年后船舶阻力的增大，本船主机功率应留有一定储备；主机整体性能，包括经济性、启动性能、运转性能（包括低速运转性能）、操纵性能等要好；主机振动、噪声等要低。

由于受安装空间的限制，水库清淤船适合采用高速柴油机。根据对船型方案主要尺度的论证和选择，以及相应的有效功率计算，根据实际清淤和排泥需要，拟选合适的主机功率范围是 200kW 左右。其可选主机型号下的性能对比见表 5-3。

表 5-3　　主机性能对比表

型　号	WD10C300-21	YC6A260L-C33	WD615.46C
额定功率/转速 /kW/r/min	220/2100	195/2400	230/1800
排量/L	9.726	7.25	9.726
缸数	6	6	6
缸径/行程/mm	126/130	108/132	126/130
长×宽×高 /(mm×mm×mm)	1695×948×1176	1513×966×997	1912×830×1170
重量/kg	1018	803	950
油耗/[g/(kW·h)]	≤195	≤196	≤195

续表

单位重量/(kg/kW)	4.63	4.12	4.13
工况	100%负载—10%时间	100%负载—10%时间	100%负载—10%时间
技术特点	框架式主轴承结构，机体刚度高、振动小、噪声低，燃油、机油消耗率低，在较宽广的转速范围内有良好的经济性，功率储备大，柴油机低速扭矩大，加速性好	机体、气缸盖采用合金铸铁，强度高，采用整体曲轴，体积小、重量轻。采用高压共轨和中冷及电控燃油喷射技术，控制油耗效果明显	机体结构紧凑、刚性好、工作可靠、寿命长、性能优良、经济性好

从表5-3中可知，WD10C300-21和WD615.46C重量较重，且两者功率余量较多，YC6A260L-C33功率余量满足本船设计需求，且重量较轻。为了有效利用甲板面积和舱容，机舱容积应尽可能小，又应保证机舱留有一定的空间以便于各机械设备维修管理。综上对比，本船选用YC6A260L-C33型船用柴油发动机作为主机。

5.3.2 柴油发电机组

本船设有一台柴油发电机组，其容量能够保证全船电力拖动及生活用电；另设有一套24V直流电系统，由蓄电池供电，为控制装置、应急照明、报警装置等24V设施提供电力。

柴油发电机组主要参数见表5-4。

表5-4　柴油发电机组主要参数

项目	参数	项目	参数
机组型号	CCFJ24J	机组功率	24kW
柴油机	YC2115D	额定功率	26kW
转速	1500r/min	起动方式	24V电启动
冷动方式	闭式循环水冷	燃油耗率	≤197g/(kW·h)
滑油耗率	≤1.3g/(kW·h)	数量	1套
发电机	1FC2186-4	功率	24kW
电压	400V	频率	50Hz
数量	1套		

5.3.3 泥泵柴油机

泥泵柴油机设在机（泵）舱内，其飞轮端通过双速比减速离合齿轮箱驱动泥泵工作，自由端通过多输出轴齿轮箱驱动1台液压油泵、1台泥泵封水泵、1台液压冷却水泵等工作。该机自由端可输出全部功率。柴油机的前后输出端均配有高弹性联轴器。

泥泵柴油机主要参数见表5-5。

5.3.4 泥泵齿轮箱

本船泥泵由柴油机（飞轮端）通过双减速比离合齿轮箱驱动。齿轮箱设有内置的离合器，并具有过载保护功能，当泥泵降至预定转速或叶轮被阻时能自动分离。

表 5-5　泥泵柴油机主要参数

项目	参　数	项目	参　数
型号	YC6MJ365L-C20	燃油消耗率	200g/(kW·h)
型式	直列、四冲程、水冷、高压共轨、废气涡轮增压、中冷	滑油消耗率	≤0.2g/(kW·h)
		旋转方向	逆时针（从飞轮端看）
缸数	6	冷却方式	闭式循环水冷却
功率	267kW	润滑方式	湿式压力润滑
转数	1800r/min	起动方式	DC24V 电启动

泥泵齿轮箱的主要参数见表 5-6。

表 5-6　泥泵齿轮箱的主要参数

项　目	参　数	项　目	参　数
型号	300	额定输入转速	1800r/min
型式	离合、带过载保护	机械效率	97%
减速比	3.4	数量	1 台
额定传递能力	0.221kW/(r/min)		

随机附件、备件、仪表及专用工具等配齐，并要求配套过载保护自动脱开装置、测速装置、输出端弹性柱销联轴器、电一液执行机构和盘车装置。

5.3.5　多输出轴齿轮箱

本船柴油机（自由端）通过多输出轴齿轮箱（内置的离合器）驱动油泵及水泵工作。多输出轴齿轮箱的主要参数见表 5-7。

表 5-7　多输出轴齿轮箱的主要参数

项　目	参　数	项　目	参　数
型式	变速、离合、多输出轴	输入转向	顺时针（面向输出端）
额定传递能力	0.1kW/(r/min)	机械效率	97%
总传递功率	60kW	数量	1 台
额定输入转速	1800r/min		

随机附件、备件、仪表及专用工具等配齐。

5.3.6　辅助机械设备

（1）污油水手摇泵主要参数，见表 5-8。

表 5-8　污油水手摇泵主要参数

项　目	参　数	项　目	参　数
型号	CS-32Y	流量	48L/min
压力	0.25MPa	数量	1 台

（2）舱底水手摇泵、淡水手摇泵主要参数，见表5－9。

表5－9　舱底水手摇泵、淡水手摇泵主要参数

项　目	参　数	项　目	参　数
型号	CS－32H	流量	48L/min
压力	0.25MPa	数量	各1，共2台

（3）潜水泵主要参数，见表5－10。

表5－10　潜水泵主要参数

项　目	参　数	项　目	参　数
型号	CQXW15－10－1.1	电压	380V
流量	$15m^3/h$	转速	2850r/min
压力	0.1MPa	数量	1台
功率	1.1kW		

5.4 小　　结

清淤船的主要作用是在水库进行深水清淤工作。根据深水水库的特点和需求，本书对清淤船的动力推进系统进行了较为深入的研究和设计、计算。分析认为，柴油机动力系统仍然是清淤船最适用的动力系统。本书为后期生产设计、建造和施工提供了理论依据和技术储备。

第6章 清淤船自动化控制监控系统设计

随着电子信息技术的飞速发展，自动控制系统在船舶信息化过程中正扮演着越来越重要的角色。伴随着各种船舶新设备的不断出现，船舶的信息量和数据量急剧增长，对船舶上各系统与设备的信息资源共享的需求变得越来越迫切，这使得自动化技术在船舶上得到越来越广泛的应用。采用智能化、网络化、数字化、模块化和集成化的控制系统对全船资源进行综合监控和智能管理，使各种设备能够安全、可靠、经济地自动运行，不但可以减轻船员的劳动强度和减少船员编制，而且能够极大地提高经济效益。

6.1 自动化控制系统概述

6.1.1 主机控制系统的分类

由于计算机与通信技术日益成熟，在驾驶、机舱管理和客货运等方面实现了全盘计算机控制，船舶自动化控制是船舶科学技术的重要组成部分，其系统和设备发展极其迅速，更新换代的速度也是惊人的，而船舶自动化技术正朝着数字化、智能化、模块化、网络化、集成化的方向迅速发展，这也是21世纪国际船舶自动化技术发展的总趋势。

以主机控制系统为例，当前广泛使用的国产船舶主机控制系统可以归为气动式、电动式、电动—气动（液压）混合式以及微机（可编程逻辑控制器）—电动—气动（液压）混合式四类。

1. 气动式主机控制系统

气动式主机控制系统主要由气动遥控装置和气动驱动机构组成，并配置少量的电动元器件，如电磁阀、测速电路等。其主要特点是驱动功率大，运行可靠性较高，结构简单，价格便宜。但是由于气动式主机控制系统在实现主机的各种遥控功能时主要依靠各种气动阀件，因此控制系统结构臃肿，体积庞大，并且对气源要求较高，气动元器件容易出现漏气、堵塞及磨损的现象。而且由于存在压力传递滞后的现象，因此控制距离也受到限制。该结构的控制系统广泛应用于小型船舶。

2. 电动式主机控制系统

电动式主机控制系统分为有触点继电器式和无触点集成电路式两种，其遥控装置与驱动机构均由电动元器件构成。其主要特点是结构紧凑，控制距离不受限制，控制效果较好，能较为灵活地实现各种功能。但是其执行机构的驱动功率较小，并且对操作和维护人员的技术要求较高。该结构的控制系统在中小型船舶中应用较多。

3. 电动—气动（液压）混合式主机控制系统

电动—气动（液压）混合式主机控制系统的遥控装置主要由电动元器件构成，而驱动机构则由气动或液压元器件构成。这种结构的控制系统充分结合了电动式和气动（液压）式两种控制系统各自的优点，除主机的换向和停油逻辑功能外，大部分逻辑功能的判断和处理都是由电子装置来完成的，并由气动装置来执行具体的操作。由于采用了大量的电子元器件来代替以前的气动元器件，以实现逻辑功能的判断和处理，该系统结构相对灵活、简单，并且体积也相对较小。在有些系统中，调速回路和驱动机构也由液压元器件构成。液压元器件具有驱动功率大、可靠性高的特点，但也存在泄漏和污染的缺点，不便于维护。该结构的控制系统在中型船舶中应用较为广泛。

4. 微机（可编程逻辑控制器）—电动—气动（液压）混合式主机控制系统

微机（可编程逻辑控制器）—电动—气动（液压）混合式主机控制系统的遥控装置采用微型计算机，而驱动机构则采用气动（液压）或电动元器件来实现。在前面所述的三种主机控制系统中，其控制功能是由各种实际控制回路完成的。而微机（可编程逻辑控制器）—电动—气动（液压）混合式主机控制系统的控制功能是通过软件来实现的，如果需要改变控制系统的功能，则通过改变相应的硬件模块和软件程序即可实现，而不需要大范围地改变控制系统结构。因此，这种结构的控制系统适应性强、使用灵活、功能强大、体积小、重量轻、可靠性高。近年来下水的大部分中大型船舶均采用该结构的控制系统。

当前国内自动化行业对于各种船舶上使用的设备和装置在陆地上的应用已能够提供完整成熟的控制方案并实际应用于工程中，但国产的基于微机或可编程逻辑控制器的控制系统在船舶上的应用还缺乏实践经验，并且在船舶综合控制系统上还是一片空白，无法提供船舶综合自动化的整体解决方案，与国外著名的船舶控制系统供应商相比存在较大的差距。

6.1.2 主机控制系统的组成

船舶上设备种类繁多，各装置之间联系复杂。总的来说，根据其功能与逻辑关系，船舶控制系统主要可以分为综合船桥系统、机舱控制系统与损害管制集控系统（简称损管集控系统）三个子系统。

1. 综合船桥系统

综合船桥系统位于船桥中的驾驶室，主要包括综合导航系统和动态定位系统，其中综合导航系统由电子海图系统、ARPA 雷达系统、主机遥控与操舵控制工作站以及损管集控系统工作站等组成。现代综合船桥系统的主要功能包括船舶的驾驶、导航、定位及其主要设备的监视和遥操。

2. 机舱控制系统

机舱控制系统位于船舶机舱，是船舶综合控制系统的核心，主要包括主机控制系统、操舵控制系统、电站控制系统、辅机控制系统等子系统，对主机、舵机、发电机组、离合器、空压机等重要机舱设备及其相关仪表进行监测和控制。

3. 损管集控系统

损管集控系统主要包括火警监控系统和舱底疏水系统等，由分布于全船各处的检测器、传感器、执行器和位于集控室的控制器组成。该系统根据船舶设备和仪表的重要性对其运行参数和状态进行监控，若发生参数越限、设备或仪表运行不正常、机舱发生火灾或者舱室进水等异常情况时会及时报警并将报警信号传送至轮机长、值班轮机员住所以及全船各公共场所，从而帮助船舶安全管理人员处理灾害事件和管理全船安全资源，使船员们能够根据损害情况做出及时、有效、合理的判断和决策。

这些子系统在船舶上存在两种分布情况。第一种为集中型分布，即子系统所包含的设备分布比较集中，分布于同一舱室或者相邻舱室内，彼此间距离比较近，如机舱中的主机控制系统、操舵控制系统、电站控制系统等，称为集中分布子系统。第二种为分散型分布，即子系统所包含的设备分散在不同舱室内，彼此间距离比较远，如综合导航系统、火警监控系统、舱底疏水系统等，称为分散分布子系统。

针对两种子系统的不同情况，比较理想的控制方案是：对于集中分布子系统，在现场设置本地控制器；对于分散分布子系统，将分散于全船各处的设备信号就近接入其所在舱室或邻近舱室的控制器。这样设计的好处是可以极大地减少现场设备信号线缆的长度，从而减少信号受干扰的概率，既节省成本又方便施工和维护。但是，在这种方案中，要完成分散分布子系统的控制运算必须依靠站间通信，而且如果分散分布子系统的设备数量太多，控制站之间的通信网络负荷会加重，控制响应速度会变慢，因此对通信网络的要求很高。

6.1.3 分布式控制单元的控制系统

在分布式控制单元的控制系统中，选择几个设备相对集中的舱室，在这些舱室内分别设置一个控制单元（即控制站），各舱室内或者邻近舱室的现场设备与仪表的信号就近接入控制器的IO模块，显控台和操作站集中放置于集控室和驾驶室，根据需要在某些舱室中还可以设置就地操作面板或者本地操作台，所有的控制站、操作站和显控台均挂接在一个分布于全船的过程控制网上。

过程控制网一般采用高速冗余环网结构，在冗余结构下，单网故障不会造成通信中断，而且环形结构容许网络上存在单点中断。因此，即使在其中一条环网完全瘫痪、另一条环网存在单点中断的情况下，系统中各控制站之间仍然可以通过总线结构的网络完成通信。

各控制单元拥有自己的数据库，系统中设有一个时间同步服务器，由此构成了分布式实时数据库。数据库中的数据可以在过程控制网上共享，控制站之间通过过程控制网交换数据。集控室或者驾驶室的中央控制台可以将从过程控制网上获取的数据显示在人机界面上，也可以通过过程控制网向全船各子系统的控制器发送数据和指令。

根据需要在控制单元所在的舱室中配置就地操作面板或者本地操作台，其至少应具有关键的监控功能，与中央控制台互为备用，具有最高的操作优先级。这样的设计能提供很高的故障容许度，即使因为故障（如过程控制网完全瘫痪）导致某子系统的控制单元完全从过程控制网上脱离，仍然可以通过该子系统的就地操作面板或者本地操作台实现其控制功能。

这种结构的控制系统能够克服各子系统单独控制方案的缺点：在驾驶室和集控室中提供了全船级的综合资源与信息管理平台，在保证各子系统控制功能分散的同时使操作和管理更加集中；通过分布全船的过程控制环网将各控制单元、操作站、显控台等联系起来，各现场设备就近连接分布式控制单元，这样就大大减少了线缆使用量，提高了信号稳定性，使系统的配置和安装较为灵活，可扩展性较好，既方便了施工和维护，又能够有效地减少船员编制，使整个控制系统更加安全、高效、可靠。

在基于分布式控制单元的控制系统中，整个系统网络共分为五层，从上到下依次为信息管理网、操作节点网、过程控制网、数据交互网与IO卡件通信网。

1. 信息管理网

信息管理网是网络体系结构中的最高层，是管理级网络，使用商用以太网，采用TCP/IP技术，提取控制系统的相关监控信息，用于生产管理或远程监控。

2. 操作节点网

操作节点网使用工业以太网，采用TCP/IP技术，连接整个控制系统的所有操作站，用于操作站之间的互相访问，以及各操作站与报警服务器、操作记录服务器、组态服务器之间的通信。

3. 过程控制网

过程控制网使用冗余工业以太网，采用UDP/IP技术，连接操作站、工程师站与控制站，用于控制站实时数据的上送，以及监控指令的下发和响应。过程控制网的通信协议分为五层，包括物理层、数据链路层、网络层、传输层及命令层。

4. 数据交互网

数据交互网使用冗余工业以太网，采用UDP/IP技术，连接数据转发卡、主控卡和网关设备，用于实时数据通信以及组态、诊断、设备管理等数据通信。

5. IO卡件通信网

连接IO卡件与数据转发卡，转发主控卡与IO卡件之间的通信数据。

6.1.4 控制系统的环境适应性与可靠性

船舶控制系统的可靠性不仅取决于所用元器件的可靠性，而且与使用环境条件及防护设计有着密切关系。有数据分析与统计结果表明：船舶电子设备所发生故障的50%以上是由环境因素造成的。而控制系统作为船舶的“大脑”，对于确保船舶安全可靠地运行极为重要。因此，有必要对控制系统进行环境适应性设计，以提高其可靠性。

1. 船舶环境条件对电子设备的影响

与陆地环境条件相比，船舶环境条件在湿度、温度、霉菌及盐雾等方面对电子设备的影响较大。

（1）湿度与温度的影响。无论金属材料还是非金属材料，吸潮后均会在表面形成一层“水膜”，大气中的CO_2、SO_2、NO_2、H_2S等气体会溶解在“水膜”中形成电解液，使绝缘介质的绝缘性能下降，使金属材料产生化学腐蚀或电化学腐蚀。而对于一般的化学反应来说，若反应物浓度恒定，温度每升高10℃，则反应速度会增加1～2倍。因此，高温潮湿环境下的腐蚀更为严重。非金属材料吸潮后，由于毛细管凝结与金属接触时会使金属的临界湿度下降，从而促进金属的腐蚀。潮湿还有利于霉菌等微生物的生长，从而侵蚀金属与非金属材料。因此，潮湿是影响电子设备稳定性、可靠性最严重的因素之一。

（2）霉菌的影响。霉菌在生命活动中，一方面吸取和分解有机材料中的某些成分作为养料，从而破坏材料的结构和性能；另一方面由代谢作用分泌出来的酶和有机酸（如碳酸、草酸、醋酸、柠檬酸等）会对金属产生腐蚀，并且使绝缘介质的表面电阻成百倍地下降。此外，霉菌的生长还会构成一种扩展性的物质堆积，从而破坏金属表面的保护层（如表面涂层和钝化膜），使之松动、开裂或起泡，这种堆积物还会引起导线间的短路和霉断线圈等。

（3）盐雾的影响。盐雾是悬浮的氯化物和微小液滴组成的分散系统。盐雾中的氯化物是一种强电解质，能够大大增强金属表面液膜的导电性，从而促进电化学腐蚀；而雾滴中氯离子的半径较小，穿透力很强，能破坏许多金属表面的钝化膜，使之失去保护作用。总的来说，盐雾环境所产生的影响包括腐蚀效应（电化学反应腐蚀、海水盐分电离形成酸碱溶液的腐蚀）、电效应（由于盐的沉积而导致电子设备损坏及产生导电层）以及物理效应（机械部件和组合件活动部分阻塞或卡死，由于电解作用导致漆层起泡）。

2. 船舶环境条件对控制系统的要求

（1）相对湿度。船舶控制系统应能在下列相对湿度下正常工作：①温度达＋45℃时，95％±3％；②温度高于＋45℃时，70％±3％。

（2）环境空气温度。船舶控制系统应能在一定环境空气温度下正常工作，具体见表6－1。

表6－1　环境空气温度

安装位置	温度/℃
一般围蔽处所和有空调的围蔽处所	＋5～＋55
有散热设备且无空调的围蔽处所	＋5～＋70
开敞甲板、无保温措施的甲板室	－25～＋70

（3）风浪条件。船舶控制系统应能在各方向倾斜及摇摆22.5°（周期10s）以及垂直方向线性加速度±9.8m/s^{2}时正常工作。

（4）振动条件。船舶控制系统应能在一定振动条件下正常工作，如在频率范围内发生共振，且振动超过要求值时，应采取适当措施予以抑止，振动表见表6－2。

表6－2　振动表

安装位置	振动参数	
一般处所	2.0～13.2Hz，振幅±1mm	13.2～100Hz，加速度±0.7g
往复机械上（如柴油机、空压机上）及其他类似处所	2.0～25Hz，振幅±1.6mm	2.0～13.2Hz，加速度±4.0g
其他特殊部位，如柴油机（特别是中、高速柴油）的排气管上	40～2000Hz，加速度±10.0g（温度600℃）	

（5）其他条件。船舶控制系统应能适应船上盐雾、油雾、霉菌及灰尘等环境。船舶电气设备的外壳防护型式应符合《外壳防护等级（IP代码）》（GB 4208—2008/IEC60529：2001）或与其等效的国际标准的规定。

3. 船舶控制系统的环境适应性设计

为了解决船舶环境影响控制系统可靠性的问题，必须对控制系统进行环境适应性设计。总的来说，可以从加固与隔离两个方面进行考虑。加固技术是经过优化设计选择高品质的材料和工艺措施，以提高和强化产品自身的抗恶劣环境能力；隔离技术是采取各种技术措施将设备与恶劣环境隔离开来。环境适应性设计的总体原则是：立足加固设计，在对系统进行适当加固以提高其自身抗恶劣环境能力的同时，采取隔离防护技术。主要防护措施有材料防护、结构防护与工艺防护，具体如下：①材料防护措施包括选用耐腐蚀金属材料、用高强度高性能的非金属材料替代金属材料以及研制新型耐腐蚀材料等；②结构防护措施是在结构设计领域采取防护措施，包括热设计、隔振设计和加固技术、电磁兼容设计、三防设计以及密封设计等；③工艺防护措施包括在材料、零部件、制品的表面涂镀工艺处理，绝缘、灌封处理，防霉、防盐雾处理，去应力处理等产品制造工艺。

（1）防潮设计。防潮设计的基本方法是对材料表面进行防潮处理，对元器件乃至系统整体进行密封、灌封、镶嵌、气体填充或液体填充，而暴露的接触面应避免不同金属的接触，尤其是避免活泼金属与稳定金属的接触。可以采用单项或几项相结合的综合措施来防止潮湿空气的影响，设计方法如下：

1）采用具有防水、防霉、防锈蚀的材料。

2）提供排水疏流系统或空气循环系统，以消除湿气聚积物。

3）采用干燥装置吸收湿气。

4）采用保护涂层以防锈蚀。

5）憎水处理以降低产品的吸水性或改变其亲水性能。

6）浸渍、灌注和灌封，塑料封装和密封等。

（2）防盐雾设计。防盐雾设计的基本原则是：采用密封结构，选用耐盐雾材料（不锈钢或以塑料代替金属），元器件采用相应的防护措施，涂覆有机涂层，不同金属间接触要防止接触腐蚀。防盐雾设计的主要方法是对集成电路元器件进行封装，根据封装材料的不同有塑料封装、玻璃封装、陶瓷封装以及金属封装等封装方式。

1）塑料封装是以塑料作为管壳材料的一种封装方式，有硅酮塑料和环氧塑料两类，化学性质稳定，抗盐雾腐蚀能力强。塑料封装所用引线框架的材料主要是铜，在外引线的表面还要镀上锡，内引线通常为金丝。外引线框架和塑封体之间是机械黏接的。

2）玻璃封装是用陶瓷材料作为盖板和外壳，在中间用玻璃材料进行上下连接的一种封装方式。其内引线为铝丝，外引线成分是镍铁合金（Fe－Ni），并且在外引线上镀有一层锡。

3）陶瓷封装就是用陶瓷材料作为外壳，将芯片置于引线框内，盖上盖板的一种封装方式。陶瓷封装外壳材料的主要成分为三氧化二铝（Al_2O_3），其性质稳定，不与盐雾发生反应，而外引线、盖板与封接环的主要成分是镍铁合金（Fe－Ni）。陶瓷外壳镀覆采用底层镀镍与表层镀金的方式。

4）金属封装就是将分立器件或集成电路置于一个金属容器中，用镍作封盖并镀上金的封装形式。

（3）防霉菌设计。防止霉菌危害的主要措施如下：

1）选择不易长霉和耐霉性好的材料。

2）将设备严格密封，并使其内部空气保持干燥（相对湿度低于65%）、清洁。

3）设备表面涂覆防霉剂或防霉漆。

4）利用紫外线照射防霉并消灭已生长的霉菌。

5）在密封设备中充以高浓度的臭氧来消灭霉菌。

（4）防振动与抗风浪设计。船舶环境条件决定了控制系统会频繁地受到振动与冲击的影响，不仅会使设备在某个激振频率下发生振幅较大的共振，而且长期的振动和冲击也易使电子设备产生疲劳损坏。系统的防振动与抗风浪设计主要采取以下两个措施：

1）进行加固设计。确定加固系统结构上的薄弱环节，提高系统固有频率，使其容许冲击应力和疲劳极限高于实际响应值。

2）采用隔振缓冲系统。对系统整体进行隔振缓冲设计，使外部作用力经过隔振缓冲系统减弱后，传递给系统的实际作用力在系统的容许范围之内。

4. 船舶自动控制系统的可靠性设计

可靠性技术的研究内容大致包括可靠性设计、可靠性分析、可靠性试验及可靠性管理四个方面。可靠性设计是指按照一定的技术要求设计和制造出可靠性高、不易损坏的产品；可靠性分析是通过对有关数据的收集、分析和计算得出一些关于可靠性问题的评价和结论；可靠性试验是验证系统可靠性是否达到规定指标的手段，它能暴露系统设计中可能存在的问题；可靠性管理是从管理方面提高整个系统的可靠性，例如制定合理的检修周期、配备合适的备品备件、安排适量的检修人员等。

船舶自动控制系统的主要作用是对船舶的运行进行控制、监视、管理和决策，因此要求它必须具有很高的可靠性，这样才能保证船舶安全经济地运行。为此，必须对控制系统进行可靠性设计。在船舶控制系统中采用可靠性措施均是基于以下四种基本思想而提出的：①故障预防，使系统本身不易发生故障；②故障保安与弱化，当系统发生故障时尽可能减少故障所造成的影响；③故障容许，当系统发生故障时能够使系统保持继续运行；④故障在线维修，当系统发生故障时可以在不停止系统运行的情况下进行维修。

硬件是系统正常工作的物质基础，也是影响系统可靠性的关键所在。硬件的平均故障间隔时间越长，系统可靠性越好。为此，在本书中船舶控制系统的可靠性设计采取了以下措施：

（1）元器件的降额使用。电子元器件都有一定的使用条件，这些使用条件是以元器件的某些额定参数值来表示的。实践证明，当元器件的工作条件低于额定值时，其工作状态比较稳定，发生故障的概率也比较小。因此，为了提高可靠性，往往将元器件降额使用。降额的幅度要从可靠性和经济性两方面综合考虑，因为元器件的额定参数越高，其价格也越高。

（2）充分考虑到参数变化的影响。在电路设计上充分考虑到元器件在使用过程中受参数变化的影响，使之在各种不利情况下均能正常工作。

（3）采用低功耗元件。低功耗元件的发热量较少，其故障率相对来说比较低。而且在系统中普遍采用低功耗元件还可以在很大程度上减轻电源的负担，提高电源的可靠性。

（4）采用噪声抑制技术。在控制现场中，各种各样的干扰脉冲常常是造成控制系统硬件故障的原因。因此，采用噪声抑制技术是提高系统可靠性的一种行之有效的方法。

（5）耐环境设计。在系统硬件的设计上充分考虑船舶环境因素的影响，采取适当的冷却、抗震、防尘、防腐等技术措施，以提高系统抵御外部环境影响的能力。

（6）冗余技术。采用冗余的方式设置一套或几套备用控制装置，当处于运行状态的控制装置发生故障时，备用控制装置自动投入运行并切断故障装置，以维持控制系统的继续运行。冗余技术至少应包括IO卡件的冗余、电源部件的冗余以及供电回路的冗余（或采用环形回路供电）。

（7）自检与故障隔离技术。系统在工作过程中不断地进行在线故障检测，一旦发现故障，就将故障设备与系统隔离，至少使其不影响其他设备的正常运行。

（8）规范接地技术。一般情况下，控制系统接地类型如下：

1）安全接地。为防止电气设备绝缘损坏或产生漏电流时使平常不带电的外露导电部分带电而导致电击，将设备的外露部分接地，称为安全接地。控制系统中需要考虑电源交流侧PE端子，机柜与操作台的外壳和门要做安全接地。

2）防浪涌接地。浪涌一般由雷电或工业操作引起，为防止浪涌能量对系统的破坏，必须给浪涌能量泄放提供通道，泄放通道的接地就称为防浪涌接地。控制系统中通常在电源进线端、信号线输入侧、通信线两端配置浪涌保护产品以及时泄放浪涌能量。

3）防静电接地。将静电荷引入大地，防止由于静电积累对人体或设备造成危害，静电释放通道的接地就是防静电接地。控制系统中主要考虑人体带静电时与控制设备接触的防护，即插拔系统部件前，先佩带好防静电手腕，让人体静电释放。

4）逻辑接地。为了确保稳定的参考接地，将控制设备中的某个电平参考点（通常是电源直流端的零电位点）接地，称为逻辑接地。逻辑接地不稳定或受干扰时，系统工作将出现工作不稳定甚至造成设备损坏。

5）屏蔽接地。屏蔽电缆屏蔽层在控制柜侧的接地称为屏蔽接地，屏蔽接地主要是防止信号受干扰。

6.2 自动控制及精确定位系统设计

早期湖泊河道水下清淤作业平面定位采用木杆、竹竿插入水下泥中放样。由于水流冲击、风浪及人为影响，定位杆极易缺损或移位，造成定位不准，水下开挖深度需依靠人工用测杆不定期测量，不但费时费力，而且精度极低，易造成漏挖或超挖，工程质量难以控制，另外泥浆泵、铰刀清淤等作业过程控制问题仍没能很好解决。

近年来，清淤工程船平面定位、挖深控制等方式较早期的人工操作方式已有很大改进，但往往功能单一，设备适应性、协调性及连贯性较差，有时还需辅以人工操作，精度不高，工程质量仍难以保证。清淤船自动控制及精确定位系统的应用，能较好地解决清淤工程中遇到的这一难题。

6.2.1 系统的基本要求及其构成

1. 基本要求

环保清淤工程一般都在野外水上作业，其工作现场环境差，振动、噪声及湿度大，设备调迁频繁。因此，要求环保清淤自动控制及精确定位系统既能适应较恶劣的工作环境，又使系统构造简单、可靠性好且操作简便，并具有更高的性价比。

2. 系统构成

本系统主要由工业控制计算机、采集各种工作参数的传感器、压力变送器、可编程逻辑控制器（PLC）基本单元、A/D模块、PLC输出放大模块、操作台及液压电磁阀组等硬件设备（元件）和相应软件组成，系统构成原理框图如图6-1所示。

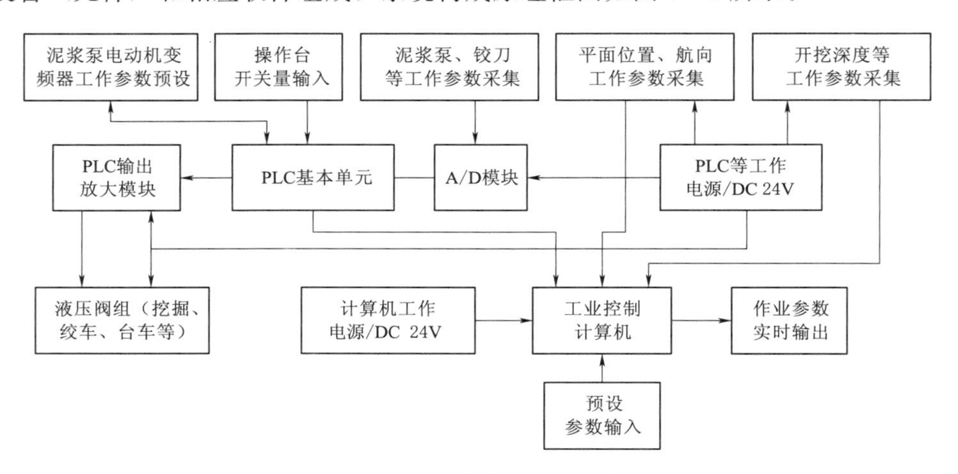

图6-1　系统构成原理框图

环保清淤自动控制及精确定位系统融合计算机、自动化及GIS等主要技术，集成船体GPS平面定位、挖槽断面监测、水深测量、辅助图形、数据库和清淤状态数据查询等主要功能，有效地监测整个挖泥作业过程。将清淤作业过程中的主要工作参数、当前施工方位、挖槽断面状况及当前水深等在显示器上进行实时显示，指导操作人员进行施工操作，同时实时回显作业区域、各个挖槽断面和水深，使清淤船作业的整个过程都得到有效的监测。通过多窗口显示模式，同时监测各种工况，方便施工作业及质量考核和查询。将预设施工作业参数输入计算机，并将作业时测得的实时数据信号经处理后进行显示和打印，并与预设参数进行比较。GPS卫星定位系统可精确显示施工设备的平面位置，电罗经可精确显示船舶航向方位，超声波测深仪可实时测量水下作业铰刀的开挖深度，流速仪可实时测量水下铰刀开挖时的进度（土方量）及管道输送状态，位移传感器可随时控制台车的平面位置，进而控制清淤船的作业速度，根据施工要求及水下工况随时调整设备的清淤进度。

6.2.2　系统硬件配置

本系统主要有工业控制计算机（包括输入、输出及打印等设备）、GPS卫星定位仪、电罗经、超声波测深仪、电磁流速仪、台车位移传感器、PLC及AD模块等设备（元件）组成，系统配置连接如图6-2所示。

1. 工业控制计算机

工业控制计算机用于程序运算及信号处理，同时记录环保清淤船作业工况参数并进行显示和打印，提高清淤船施工过程的监控。计算机选用工业控制计算机，能适应潮湿、振

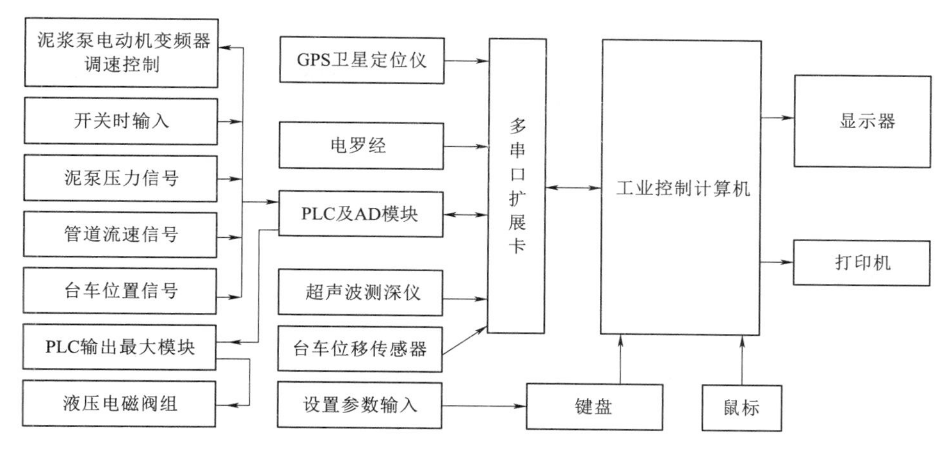

图 6-2　系统配置连接图

动等环境，体积小，可靠性好。

2. GPS 卫星定位仪和电罗经

GPS 卫星定位仪用于测量清淤船的平面位置，电罗经用于显示航向方位。由于环保清淤船在施工作业过程中受风浪、水流等影响及工况条件限制，船位极易变动，需根据船位变动情况及施工要求，随时调整作业船位。

3. 超声波测深仪

超声波测深仪用于实时测量环保清淤船水下开挖深度。若水下开挖深度不能控制，会引起空挖、超挖，造成开挖后河床不符合设计要求，不但设备工效低下，还有可能因超挖引发塌方、崩岸等严重后果，因此应根据施工设计要求及水位变化，即时自动调整开挖深度。

4. 电磁流速仪

电磁流速仪用于测量水下铰刀开挖时的速度（土方量），判断水下作业工况。根据输送管道内的流速，判断管道输送状态。管道内流速过高是由于泥浆浓度太低，设备工效低，应增加开挖量；管道内流速过低是由于泥浆浓度太高，极易使泥浆输送管道堵塞，继而压力升高，而引起爆管，喷溅外溢的泥浆会严重污染周围环境。因此泥浆输送管道内的流速必须控制在允许范围内。

5. 台车位移传感器

台车位移传感器用于测量和控制环保清淤船的进退速度。若清淤船的进退速度太小，易引起多挖、重挖，浪费能源，影响工效；反之清淤船的进退速度太大，易引起少挖、漏挖，还需后退返工，同样浪费能源，影响工程进度和质量。因此，应根据施工要求及工况条件，控制及调整作业进度。

6. PLC 及 AD 模块

PLC 及 AD 模块用于对测得的压力、流速及位移等信号进行 A/D 转换处理，并进行清淤船泥浆泵变频调速控制、电液控制等，使清淤船按预设要求自动或半自动控制作业过程，PLC 输出放大模块的作用是输出时能驱动较大负荷，延长 PLC 使用寿命。

6.2.3 系统软件设计

Windows7 操作系统及以上均可满足系统要求，配套采集卡驱动程序以及 PLC 编程及通信软件。

1. 主要特点

（1）采用模块化结构设计，易于扩展，具有网络通信及实时监控功能，控制功能大部分由软件实现，程序编制容易、修改方便。

（2）面向一线施工操作人员，直观易懂，操作简单，可靠性好。

（3）在程序设计过程中，在尽可能提高清淤作业自动化水平、简化操作的同时，也充分考虑到系统所应具备的灵活性，以适应复杂多变的施工环境。

2. 主要功能

（1）具有实时检测作业参数的功能，指导操作人员按作业工况及要求及时调整。

（2）采用友好人机界面，施工人员主要以图形界面方式进行控制操作。

（3）对已完成作业区域和待完成作业区域的描述和查询功能，操作人员能实时了解设备工作状况。

（4）对施工过程中的重要参数进行记录存档，以便日后查询及分析。

6.3 智能监控系统设计

6.3.1 清淤监控系统研究

清淤船作业时只需要一名驾驶员就能完成所有的挖泥工作，包括台车行走、抛横移锚车、铰刀的控制及挖泥量的统计等，此时需要采用一套疏浚监控系统。

1. 系统概述

清淤船可采用一套集成绞吸式清淤船控制系统，该系统是基于光纤分布式数据接口（FDDI）的工业以太网及现场总线网络的控制系统。主要组成构件有操纵室 PLC 控制系统、泵机及液压泵 PLC 控制系统、数据采集及监控系统、平面定位系统、清淤仪器仪表和计算机网络、控制台、控制柜等。

同时，机舱报警系统作为一个独立系统，在满足船级社及相关规范要求的前提下，报警系统所采集的数据，通过网络数据库与清淤监控及控制系统共享数据，并为其他系统的接入预留接口。

清淤设备可以由数据采集及监控系统操作和监视，将挖泥所需要的操作及数据进行显示。与清淤相关的设备也可单独由此系统操作，如横移锚机、起桥锚机等。同时，泵机、电站等系统可以通过该系统进行监视。在驾驶室设置若干台专门的数据采集及监控系统工作站，同时机舱集控室、船上其他位置工作站可以通过软件切换，切换至数据采集及监控系统功能。

在机舱集控室的机舱控制台和驾驶室的清淤操作台可对泵机等进行操作和监视。电气设备和辅机系统的操作控制可以在集控室的机舱集控台进行或直接在主配电板上的组合启动屏上进行。

本系统的连接采用工业以太网、现场总线网、硬线连接三种形式。工业以太网连接本船所有系统及设备，构成局域控制网络；现场总线网连接现场级设备，构成带有独立安全保护功能的完善子系统；第三方设备及重要设备安全控制信号可采用硬线连接方式进行信号传递。

系统配置了UPS电源，为全船计算机系统提供20min不间断供电，以使在全船电站系统出现不稳定的情况发生时，保护重要数据。

系统配置相应的控制台、控制柜，控制台及控制柜应满足人机功效需要，根据船东、船厂、设计院的需要进行设计。

本系统通过系统集成，使计算机、PLC、传感器、执行机构等构成一个整体，其纽带是工业以太网，核心是数据库及应用软件。系统的功能是完成绞吸式清淤船的控制，以最优的控制，实现以最小的消耗换取最高的产量。

本方案的自动化等级分为操作员级、中央自动化级、机旁自动化级。

2. PLC系统

本系统方案的PLC系统包括驾驶室PLC系统（PLC1）、清淤PLC系统（PLC2）、AMS PLC系统（PLC3）。

（1）驾驶室PLC系统（PLC1）在船舶运行中起着非常重要的作用，其主要功能如下：

1）对发动机和动力系统的控制。PLC1可以根据需要对船舶的发动机和动力系统进行精确控制。通过监测和调整参数，例如燃油供应、机舱温度和压力等，PLC1可以实现对动力系统的精细管理，提高燃烧效率和能源利用率。此外，PLC1还可以实现对变速器、驱动器和舵机等相关设备的控制，提供更加灵活和可靠的动力系统操作。

2）船舶舱室和设备控制。PLC1可用于控制船舶舱室和设备的操作。通过传感器和执行器，PLC1可以实现对船舱温度、湿度、气压等环境因素的监测和控制。此外，PLC1还可以控制舱门、窗户、灯光、通风设备等设备的运行，进一步提高船舶舱室的舒适性和安全性。

3）能源管理系统。PLC1可以应用于船舶的能源管理系统，通过监测和控制船舶的发电机组、蓄电池和电力传输设备，实现对能源的有效分配和利用。

4）船舶消防系统监测和控制。PLC1可以用于船舶消防系统的监测和控制，包括火灾报警系统、灭火系统和排烟系统等。通过PLC1的应用，可以实现对船舶消防系统的自动化管理，提高灭火效率和船舶的安全性。

5）航行控制系统。PLC1可以通过接收和处理导航系统和传感器的数据，实现对船舶航行系统的自动控制。通过PLC1的应用，可以实现船舶航行的自动化和智能化。

总的来说，船舶驾驶室PLC1系统在船舶运行中起着非常重要的作用，它能够提高船舶的运行效率、能源利用率、安全性以及航行的自动化和智能化水平。

（2）疏浚PLC系统（PLC2）在清淤船的作业中起着核心作用，其主要功能如下：

1）控制和监测疏浚设备。PLC2系统通过接收各种输入信号，如液位、压力、流量等，精确控制疏浚设备的运行。例如，控制挖掘机的挖掘深度、挖掘速度等，确保挖掘机的高效、安全作业。同时，PLC2 系统还可以实时监测疏浚设备的运行状态，如发动机的转速、油温、挖掘机的负载等，确保设备的正常运行。

2）监测与调整。PLC2 系统可以实时监测清淤船的工作状态和环境参数，例如挖掘深度、泥浆浓度、流量等，并根据这些信息进行相应的调整，确保清淤作业的高效和安全。

3）数据处理和反馈。PLC2 系统具有强大的数据处理能力，能够实时处理各种传感器采集的数据，如挖掘机的挖掘轨迹、挖掘深度、泥浆浓度等。通过数据处理，PLC2 系统可以分析挖掘作业的效率和质量，为操作人员提供决策支持。同时，PLC2 系统还可以将数据反馈给操作人员，帮助操作人员及时调整作业参数，提高作业效果。

4）安全保障。PLC2 系统具有完善的安全保障功能，能够实时监测清淤船的运行状态和作业环境。当出现危险情况时，PLC2 系统会自动触发安全保护机制，如紧急停机、报警等，确保操作人员和设备的安全。

5）自动化和智能化。通过与智能传感器、远程控制设备等的配合，PLC2 系统可以实现清淤船的自动化和智能化作业。操作人员可以在远程控制室或移动设备上进行操作，实现对清淤船的远程监控和控制。这不仅可以提高作业效率，还可以减少人工干预，降低操作人员的劳动强度。

总的来说，清淤船疏浚 PLC2 系统在清淤船的作业中起着至关重要的作用，它可以提高作业效率、确保设备安全、提供决策支持、实现自动化和智能化作业。

（3）AMS 机舱报警系统 PLC3 系统主要用于清淤船的集成管理和监控，通过与各种设备的通信和控制，实现设备的协同工作和数据共享。同时，该系统还可以提供远程控制和调度功能，实现清淤作业的智能化和高效化。通过数据采集和分析，该系统还可以优化工作流程和提高工作效率。具体表现在以下方面：

1）集成管理。AMS PLC3 系统可以实现对清淤船上各种设备的集中管理和控制，包括挖掘设备、输送设备、泥浆处理设备等。这有助于提高设备的协同工作能力，从而提高清淤作业的整体效率。

2）数据采集与处理。AMS PLC3 系统可以实时采集清淤船的工作数据，如挖掘深度、泥浆流量、处理效率等，并对这些数据进行处理和分析。这有助于了解清淤效果，优化工作流程，提高工作效率。

3）监控与预警。AMS PLC3 系统可以实时监控清淤船的工作状态和环境参数，并能够在异常情况下发出预警。这有助于及时发现和解决潜在问题，保障清淤作业的安全。

4）远程控制与调度。通过与岸基控制中心的通信，AMS PLC3 系统可以实现清淤船的远程控制和调度。这有助于提高清淤作业的灵活性和响应速度，降低运营成本。

5）智能化决策支持。通过集成各种传感器和高级算法，AMS PLC3 系统可以提供智能化决策支持，例如工作计划的自动调整、工作流程的优化建议等。这有助于提高清淤作业的智能化水平，进一步降低人工干预的需求。

本系统方案中，PLC 每个模块均具有独立的电气保护措施。

在系统方案中的每个功能均由 3 个 PLC 系统中的一个专门负责提供逻辑控制。

本系统方案中，PLC 采用 Siemens S7－300 系列产品的软件及硬件。每台 PLC 均通过网络模块连接至全船的计算机网络，网络结构采用具有冗余功能的光纤环网。PLC系统具有自检功能，当PLC网络出现故障时，能自动侦测故障点，并发出警报，此警报也具体体现在应用管理系统（AMS）上。

3. 计算机网络系统

计算机网络系统作为CISCS系统的基础平台，网络连接全船工作站、服务器、网关及各个控制系统PLC、AMS系统，并且为将来接入的新系统提供预留通道。计算机网络系统同时也为SCADA系统提供一个载体平台。

本船计算机网络采用10/100MB工业以太网。

全船网络系统包含一个具有冗余功能的环形光纤网络，光纤环网提供全船控制及信号采集；一个办公自动化网，办公网提供船上办公自动化功能。办公自动化网与控制网络划分在不同的网段，以在提高船舶管理自动化水平的同时，保障控制网络的安全。

AMS系统自成系统，根据船检规范要求，配备2台工作站。网络系统具有自诊断功能，能显示网络状态及故障点。系统配置了2台服务器，通过实时数据库向全船工作站、PLC提供数据服务及存储数据。2台服务器互为热冗余备用，同时兼做历史数据服务器。当1台数据服务器出现故障时，另1台服务器10s内自动投入使用，以保证不间断地向全船的工作站及PLC系统提供实时数据的采集与分配。1台服务器同时兼做历史数据服务器，用于存储船舶的各种数据，并为其他非实时工作站软件提供分析数据并处理报表。

系统配置了3台SCADA工作站、1台平面定位工作站（双显示器）、1台统计工作站、2台AMS工作站、4台多用途工作站。同时，系统设计时，预先规划好网络规模，配备了足够数量的办公工作站网络接口。在船舶上的所有系统集成提供的工作站均安装相同的软件，能通过具有密码保护的菜单切换到所有规定的功能，既满足系统的通用性也满足了工作站在出现故障时的备用冗余。

系统采用光纤工业以太网、现场总线为系统信号传递通道，简化了系统的结构，提高了系统的灵活性；同时，降低了铜缆的损耗，提供总体经济效能。采用光纤为信号传递介质，极大地提高了系统的可靠性、抗干扰性、电刺激兼容性能。光纤系统采用FDDI环形结构，系统在出现线路故障时，网络能在0.3s内重构。同时，由于分散布置数台网络交换机，提高了系统的抗损性，避免星形网络结构的易损缺陷。

6.3.2 船用柴油机电子控制技术研究

随着微电子技术及计算机技术的飞快发展，新型的船用柴油机电子控制技术也日益完善。现有的船用柴油机大多采用全气动型式，难以实现系统自动化检测功能。针对船舶运行海况区域恶劣，工况多而复杂等特点，同时又要求系统响应快，安全可靠，故引入电脑智能检测系统，使船用柴油机具有控制检测功能强、调节精度高、反应灵敏度高的特点，大大提高了船用柴油机控制系统的自动化程度。柴油机转速传感器是用于检测船舶柴油机转速的一种常用传感器，为船舶电气控制系统提供与柴油机转数成比例的电脉冲信号，是柴油机安全、可靠、正常工作测试的主要参数之一，为此传感器出厂前或用户在维护时，需对传感器自身质量和性能进行必要检测。传统检测装置基于手工操作，只能进行有限几个性能指标的检测，存在精度不高和工作效率低下等缺点。随着电子技术和计算机技术的不断发展，尤其单片机技术在智能仪器仪表的广泛应用，为满足实际需要，开发新一代高性能、实用的光电传感器测控系统势在必行。分布式监控系统具有分级管理、分散控制和高可靠性的优点，引入高效实用的 DCS，简化传统测控系统结构，既便于维护，又为船舶轮机信息化发展和应用提供了良好的平台。

船用柴油机电子控制技术可使柴油机控制系统及电气设备有机结合在一起，既可集中管理、集中控制，又可分散控制，独立操作；既可在线修改，也可集中监测，控制精度高，反应及时准确。尤其是光电转速传感器智能分布式测速系统，不仅功能完善实用，而且具有良好的人机界面，使系统运行灵活高效。系统能全面检测和反映光电传感器运行工况，在系统软、硬件方面采取多种有效措施，使系统具有较强抗干扰能力，具有安全、可靠、实用的特点，满足系统功能和设计要求。光电转速传感器的测控仪采用双微处理器结构，并在软、硬件方面采用模块化结构，使其在控制、操作、性能和可靠性方面都得到充分的保证，具有独特的先进性与时代特点，极大地提高了船舶柴油机的自动化程度。该系统具有可靠性高，能耗低，抗干扰能力强等优点，保证了船舶柴油机检测的准确性，消除了轮机管理人员的人为误差，同时还可节省大量检测用油量，提高了工作效率，经实践证明该系统具有较高的经济效益，科技含量高，值得推广应用。

1. 系统硬件设计

（1）系统设计思路。船用柴油机电子控制系统是采用微机、通信、控制、显示等为特征的分散型控制系统。整个系统由前控机和后位机两大部分组成。

智能型监控系统以计算机作为前控机，以单片机为核心的测控仪作为后位机。为确保系统工作高可靠性和冗余性，智能分布式系统采用双方案方式，即前控机工作方案和测控仪工作方案，以前控机工作方案为主，测控仪工作方案为辅。系统测控对象以常用的光电转速传感器为例，光电转速传感器以发光二极管为光源，光栅盘在柴油机转轴的带动下旋转，利用光栅盘遮挡作用，使光源变为断续光，使光敏管通、断交替切换而产生脉冲信号，经过电路的放大整形后，输出与转速成比例的方波脉冲列。光电转速传感器的主要性能指标及测试内容包括转速、脉冲数、脉冲最低高电平、脉冲最高低电平和脉冲占空比等。

（2）系统总体设计。根据智能分布式系统工作方式要求和硬件组态设计思想，系统采用分层体系结构。系统前控机选用具有很高可靠性的工业环境计算机（Industrial Personal Computer，IPC），IPC 作为管理站，自主开发测控仪作为现场级。现场级不仅能独立工作，而且提供 RS－485 通信接口，在 IPC 的 RS－232 端口加一块 MODEL1102 RS－232/R－485 接口转换模块，组成 RS－485 网络分布式监控系统（NDCS）。另外，当某个测控仪通道出现故障时，不影响前控机对其他测控仪的监控，当前控机或网络出现故障时，也不影响现场控制级正常工作。综合光电转速传感器分布式监控系统的实际需要，监控系统总体结构如图 6－3 所示，测控仪和工作台构成测控通道，测控仪为所开发的单片机应用系统，工作台上安装光电转速传感器、驱动光电转速传感器工作的电动机和人机操作接口。

（3）系统主要功能。系统的前控机可对现场的柴油机检测数据存盘，并对存盘的柴油机物理参数进行数据库管理，可随时查询、增、删、改和打印出柴油机的检测数据报表等。前

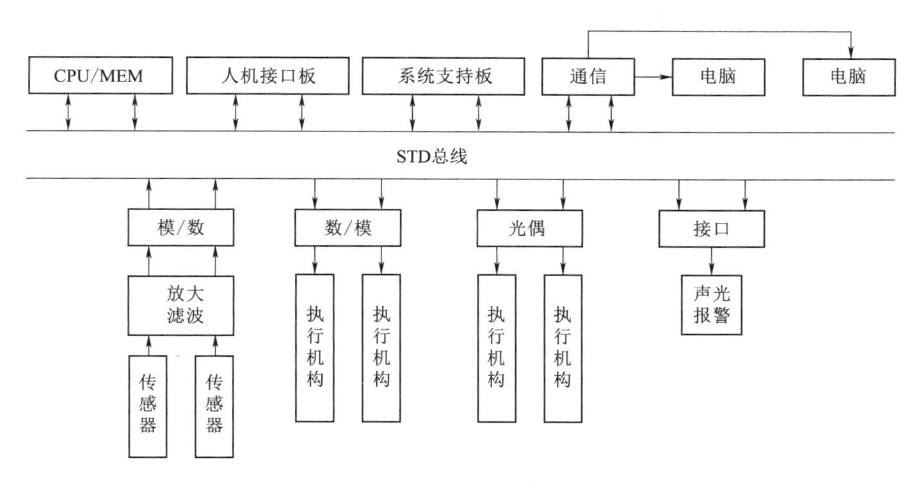

图 6-3　监控系统总体结构图

控机还可监视后位机的工作状态，监视当前检测柴油机的运行情况并可为现场的柴油机采集数据设置高、低限报警参数，可按存盘数据绘制柴油机负荷特性曲线及速度特性曲线等。

系统的后位机由 STD 总线工业控制机及微机等组成，可独立工作。在前控机进行其他工作或关机状态时，后位机仍可完成以下各种操作：对主机性能检测中的转速、油耗、油压、油温、水温、扭矩、排温等多种物理参数进行自动采集显示，一次可同时进行多种工况测验。在检测屏上配有键盘及 LED 显示，检测参数、试机条件、检测环境等，可通过人机会话方式键入，并可利用功能键进行如下操作和控制：设置报警参数、设置打印格式、油耗率监测、设置屏蔽采集项、速度特性试验、负荷特性试验、耐久试验、显示测量后存入数据、修正日期和时钟等。

检测屏上有进水温度、出水温度、机油温度、机油压力、排气温度、转速、扭矩、油耗等参数采集的数码显示。在检测中为防止某些参数引起参数超限，系统还设置了各种声光报警及 LED 参数频闪，越限值在检测前通过人机会话方式设定，检测结束后可将检测数据以选择方式或全部参数打印方式输出。监控定时器可使系统因干扰或软故障等原因出现异常时自动恢复运行，具有自检自报功能。电源断电检测，当发生断电时可将该瞬间状态及数据等全部保护起来，一旦来电整个系统能实现补偿运行。实时日历钟能自动记录主机检测的日期与时间，也可用 LED 显示日期与时间，柴油机油门与水门可进行远距离操作，动作过程采用指示灯显示，发生故障时有紧急停车及脱机操作功能。

(4) 系统硬件结构。系统硬件结构为分散式控制系统，前控机电脑配置要求为：采用 WINDOWS2000 或 WINDOWSNT4.0 的系统软件；Pentium 4 以上，内存 64MB 以上电脑，硬盘 40GB 以上，数字化仪 1 台。

后位机由 STD 工业控制机组成智能检测屏，配置激光打印机 1 台，1024×768VGA 显示器 1 台、键盘 1 个。现场检测屏中的 STD 总线工控机系统由 CPU 板、存储器板、人机接口板、系统支持板、通信板等组成。系统支持板可根据需要增减，它包含出水温度与机油压力采集板、机油温度与排气温度采集板、转速与扭矩采集板、油耗测量采集板等。

该系统中输入模拟信号（如温度、压力等）、脉冲信号或电平信号（如转速、油耗、扭矩等），经过信号调理，然后对其进行采样、数码显示，最后以标准的 BCD 码送入电脑，电脑将数据转换为信号通过执行机构进行检测控制。声光报警是利用振荡电路分别驱动喇叭及发光二极管，形成声光效应。其中测控仪是系统的关键，根据光电转速传感器的工作原理和所需测量的性能指标，其硬件设计分为驱动模块和测试模块。驱动模块为了驱动光电传感器旋转，并能方便调整其转速，选用电动机作为动力装置，由于步进电动机工作特点适用于测控对象的工作要求，光电转速传感器的动力装置选用步进电动机。测试模块则是采用双 AT89C52 微处理器，根据光电转速传感器所输出电脉冲信号的特点及所需的测试内容进行测控。核心电路为信号调理及采集电路，其主要作用是把光电转速传感器 15V 矩形波信号转换为 AT89C52 能接受 CMOS 电平，以实现光电转速传感器的脉冲数、脉冲占空比和相位差等参数的测试工作。

系统的通信使用 RS－232 串行通信接口，现场 CRT 采用 RS－232 串行通信与检测台的 STD 总线工业控制机屏相连接，数字化仪与电脑之间采用串行接口，用户界面采用人机会话。

为提高系统的抗干扰能力，对电网干扰问题前控机采用 UPS 不间断电源，而对后位机的现场采用滤波电路，通道干扰采用光电隔离，空间干扰采用多种屏蔽，并对系统的接地做了精心设计，通过以上措施及程序的周密设置，使该系统在船舶上遇到高频信号干扰及在较恶劣的机舱环境中也能正常运行，检测出的各项参数精度均达到国际标准。

2. 系统软件设计

系统软件主要包括前控机监控软件和测控通信软件开发工作。测控以 AT89C52 为核心，选用方便实用、高效的 Keil C51 软件作为开发平台；前控机软件开发工具选用 VB。

（1）前控机监控软件。计算机监控系统不仅监测测控通道运行状况，而且用户可通过其提供的人机界面进行后位机初始化、发送控制命令，并控制后位机设备动作。因此，监控软件必须具有数据转换、数据通信、设备控制、人机交互和报警等基本功能，以及数据存储、分析、打印等辅助的数据管理功能。计算机监控系统主要利用前控机对各控制器工作参数全面监视和控制，在前控机监督和指导下完成光电转速传感器测控工作。根据系统的功能需求和 VB6.0 软件的特点，规划前控机功能模块，同时，前控机中的功能模块建立在通信程序和数据库及数据表的基础上。综上所述，监控软件功能模块包括系统管理、监控管理、浏览打印。

1）系统管理模块。完成用户的增减、注册、密码设置、系统初始化处理、系统自检、系统退出功能。

2）监控管理模块。定时采集工作参数，直观显示所测试数据，同时，实现系统故障诊断及处理。

3）浏览打印模块。用于查询和打印某批次测试参数，便于进行分析和统计。

软件设计是以模块化结构、全开放指导思想，保证系统实时性，运行时尽量减少人工干预和操作、系统初始化参数在线可调、工作状态直观显示，以便于监控和操作。测控与 IPC 通信是分布式系统集中管理和分散控制的方式。

（2）测控通信软件。利用 AT89C52 的串行通信口及 MAX485 芯片的接口电路实现与

IPC 通信。AT89C52 单片机提供与计算机或其他串行设备连接的异步通信口，而 VB6.0 提供便于图形化接口的串口操作控件，使 AT89C52 单片机应用系统与计算机通信操作接口非常友好。

在 RS－485 所构成的分布式网络系统中，AT89C52 所组成的单片机应用系统作为后位机，计算机作为前控机，实现双向通信。由 AT89C52 所组成的单片机应用系统，即测控需要把工作参数和工作状态及时传递到前控机中，同时，前控机利用友好的界面，对测控仪进行初始化等工作，两者实现双向通信。除了硬件电路外，还需统一通信协议，并在前控机和后位机中分别开发通信模块程序。

后位机读取可编程智能调节器数据程序，主要包括通信端口初始化、后位机设备通信建立及验证、发送字符串形成、BCC 校验码的形成、数据接收、数据处理及显示等，其测控数据流程如图 6－4 所示。

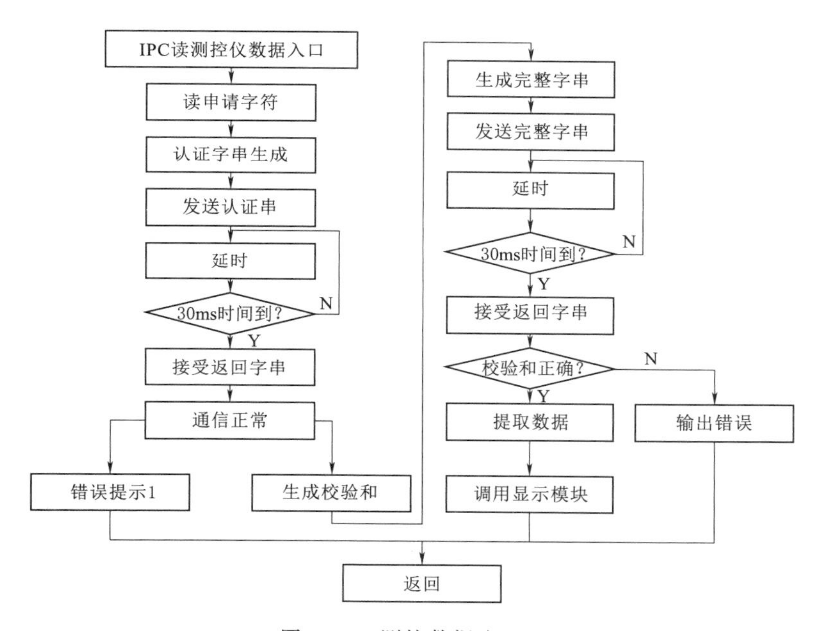

图 6－4　测控数据流程图

该系统考虑到前、后两个部分不同任务的不同特点与要求，前控机的电脑采用了三种计算机语言进行编程。用汇编语言实现前级与现场后级的通信，C 语言实现绘画，数据库语言实现采集数据的管理及主机标定功率、燃油耗的修正等。这样的组合能够更加充分地利用各种语言的优势，以提高程序的质量。

系统后位机使用 STD 总线，采用汇编语言编写，开发了与 CPU/MEM 兼容的多任务虚拟盘实时操纵系统，软件采用模块化程序设计方法，将各主要模块编制成相应的独立模块，由主控制程序调用，以便修改和扩充。控制程序及主机标定功率，燃油耗修正软件、现场采集管理程序等设计成菜单选择和屏幕提示方式，以便用户使用。STD 总线工业控制机程序流程图如图 6－5 所示。

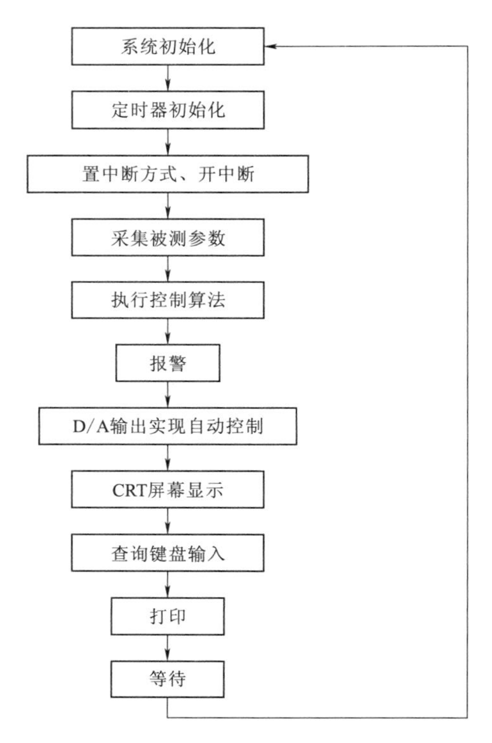

图 6-5　STD 总线工业控制机程序流程图

6.4 小　　结

自动化控制和监控实际上就是由一个系统控制很多电子元件，在特定环境中对各项操作进行完成的过程，船舶电气自动化系统主要包括机舱中及驾驶室中的电子控制系统两部分，这些都是船舶电气自动化需要处理与控制的内容。

本章对清淤船主机控制系统、精确定位系统、清淤船智能监控系统的系统特点、系统组成、设计思路等分别进行介绍，对水库清淤船的自动化控制监控设计提供设计思路。

第7章　清淤船模块化设计建造技术

船舶工业的生产过程是一个复杂的、有机的整体大系统。随着计算机技术、信息技术在工业中的广泛应用，造船行业也处于新的技术革命周期，其目标是通过现代集成制造技术带来造船业更高的经济效益，其主要特征是由区域导向型造船走向中间产品导向型造船，而这其中的核心技术就是基于设计制造一体化的船舶模块化建造技术。

7.1　模块化设计建造技术概述

模块是指具有标准尺寸和标准结构，具有标准件和可选部件的预制件。在船舶工程中模块为一个既自成一体，本身又具有独立功能和兼容性，能与其他单元（模块或零部件、硬件或软件）组合的单元体，可在专业厂或车间进行单独生产、调试。

模块化作为一种过程或方法，有两层含义：一是将产品设计成模块，即设计具有规定程序兼容性的标准化整装功能单元；二是设计由模块和少量专用组部零件组成的产品。其定义可一般性描述为：将硬件（或软件）按功能分解成若干单元，并将其设计成硬（软）模块，然后与少量非标准硬件（或软件）组合成为一个具有相应功能的系统的过程或方法。

模块化是设计优化、结构简化、功能单元化、接口通用化、目的多样化的一种标准化形式，是简化管理、优化设计、满足多样化需求的工作过程。模块化的内容主要是选择和设计具有适应性强、灵活性大、变动可能性小的基础模块和通用模块，在确定其应用范围的基础上，划分为基础模块、功能模块，用基础模块与功能模块组成大的模块，最后由产品模块来构成不同的工程模块，即：基础模块→功能模块→产品模块→工程模块。

7.1.1　模块化造船的内容

模块化造船实质上是在舰船设计建造中运用模块化原理和方法，将舰船装备按功能或层次体系进行分解，并设计、生产成若干个有接口关系、有相对独立功能的单元（即模块产品）。它包括以下内容：

1. 多功能平台模块的设计、生产

将舰船设计为舰首、舰尾、平行总体模块和过渡模块，加上相应的舱室模块和其他功能模块，组成一艘模块化的舰船。

2. 功能单元模块的设计、生产

将系统、设备按其综合功能的要求或需要，按功能单元设计原则设计成各自独立的标准化功能单元模块。

3. 模块接口的标准化、系列化技术

模块的接口包括模块内部设备（或模块）之间的接口和模块与平台之间接口，均应标准化、系列化，以利于模块内部的连接和模块与舰船平台的连接，也方便模块的更换、连接。

4. 模块的通用化、系列化、组合化技术

通用化以扩大模块的适用性，同样的模块能适用于不同型式的舰艇；系列化能扩大模块的互换性，对不同型号舰艇可选用系列中其他的模块；组合化能扩大模块的派生能力，按不同的要求和功能的变化，对模块进行不同的组合，大大提高了模块产品的使用率。

5. 模块化造船工艺和组织实施

工艺水平的高低及组织实施的优劣，直接关系到模块化造船优势的体现，以及舰艇建造质量和建造速度。

6. 模块的推广运用

按不同的要求和用途将各种功能模块按不同的方式排列、组合成相应的舰船设备或系统功能模块，以相应功能独立的模块形式装舰。

7.1.2 船舶模块化技术的优势

1. 缩短设计、建造周期

船舶的研制周期与推进系统的研制周期存在较大的差异，采用模块化技术可使船舶的设计、建造与各类模块的建造并行进行，将船舶设计成具有标准界面的平台，电子、推进系统设计成模块形式，在陆上进行复杂的电子、推进模块的全部调试，以集成模块的形式上船，可有效缩短船舶设计、建造周期。

2. 提高维修保养便捷性

采用模块化技术，可将必须修理的模块送到陆上，代之以预先准备的新模块上船，不仅没有降低船舶本身的在航率，还可以在陆上对模块进行综合维修。由于设备以模块的形式装舰，使得这些设备的日常维护、修理、更换更加简单、快捷，有效减少船舶的维护保养时间和费用，提高船舶的在航率。

3. 降低清淤船使用成本

采用模块化这一标准设计技术，既防止个别设计引起的设计费上涨，也因周期缩短而降低建造费，同时维修保养性和拓展性的提高也降低了操作成本和装备完善费用。假定船舶的使用寿命为30年，中间进行一次现代化改装，采用模块化技术后，船舶在全寿命期内的总维护费用（包括日常维护保养费用、基地维修费用和现代化改装费用）比常规型舰的总维护费用有比较可观的降低。

7.2 模块化设计建造技术对清淤船设计的要求

7.2.1 对船舶平台设计的要求

采用模块化技术后，船舶平台设计的基础仍然是常规设计方法，但与常规设计相比，船舶的平台设计不再是针对单个设备，而是面向各功能模块开展设计。总体平台设计必须求得一组标准的平台—模块界面约束条件，模块化设计的选择对象已从现有设备的物理/功能特性所构造的平台转移到能适应可预见的设备的物理/功能特性的标准平台。通过装备不同的功能模块，在标准平台的基础上实现平台的多功能化。模块化并不是要求可预见的所有设备或功能模块标准化，而是要求所有上船设备或功能模块与平台的联系界面标准化。船舶平台总体模块化设计的主要目标是在平台的总体设计中解决功能模块或设备模块装船以及今后的改换装给平台带来的一系列相关问题，从而保证平台的通用性或多功能性。船舶模块化设计是以常规设计为基础的一种新的设计方法，需结合模块化技术的特点和常规设计内容，首先分析研究模块化造船对船舶平台设计的基本要求。

1. 对总体布置的要求

采用模块化设计后，船舶总体布置设计的部分内容也相应发生了变化，主要体现在功能区域的划分、模块布置位置和尺寸设计、舱室容积设计以及空间转运系统设计等方面。

（1）功能区域的划分。按传统方法设计的船舶在现代化改装工程中，为了更换新型的装备，即使新旧装备在船上的布置位置不发生变化，但改换装往往还是会对平台的其他系统造成较大影响，使整个平台“伤筋动骨”。采用模块化技术的目的就是要努力减小装备等的改换装对平台造成的影响。为此，在开展平台总体设计初期就应该结合模块化装备的上船对船舶总体布置提出按不同功能进行分区的要求，从而使设计出来的平台能够接受各种不同的装备，实现一个平台多种功能。

（2）模块布置位置和尺寸设计。从装船的角度来讲，模块的尺寸在满足功能要求的前提下应尽可能小。平台的多功能性不仅要求功能相似的模块能够方便换装，同样也要求能够实现不同功能模块之间的换装。因此，国外在模块化设计技术研究初期，就开始进行装船模块的标准化工作，对各类模块的尺寸进行综合分析，并充分考虑装备的发展趋势，对每类模块的尺寸开展标准化、系列化工作。

在船舶总体布置设计中应最大限度地减小模块装船及模块换装对船舶性能的影响。模块上船布置时应尽量使单个模块的横向位置位于船的中心线附近，如果有多个模块，则模块的横向位置应尽量沿平台的中线面对称布置，以最大限度地减小模块装船及换装对平台造成的横倾影响。同样，模块的纵向布置位置应尽可能靠近船中，以减小模块换装对平台造成的纵倾影响。

（3）舱室容积设计。与常规设计相比，采用模块化设计后，设备以模块的形式装船。为了解决功能模块的安装固定、信息接口和能源接口装置的设置以及门的设置等问题，必然会占用更多的船内空间。据有关资料介绍，在同等条件下，采用模块化的装舰形式会使舱容要求增加0.5％～1％。

设备以模块的形式装船比常规安装需要更多的舱容，从这一角度讲必须在总体平台模块化设计中相对常规设计预留出更多的舱室容积裕度储备。采用模块化设计的一个目的就是方便地实现功能模块的便捷换装，同时在某一功能区段内可换装多种功能模块。因此，在总体平台设计中对舱室容积裕度的储备应充分考虑到这些不同功能模块对舱容要求的差异。

（4）空间转运系统设计。空间转运系统包括模块的空间转运路线和甲板开口。模块装船必须通过甲板开口进行吊装，而甲板开口尺寸的确定首先应综合考虑系统、设备、全船布置以及强度等多方面的因素，制定出一系列的甲板开口尺寸，然后根据各种约束条件（制造误差、挠曲、甲板开口处的圆角隅、对准工艺以及安装余量等），确定出合理的甲板开口尺寸。

为了使模块装船、换装操作能方便地实现，必须对各功能区段模块的空间转运路线进行优化研究，结合全船的布置以及通道进行综合考虑。与船上的通道设置间权衡优化后所确定的空间转运路线应该能够有效地利用甲板开口，尽可能少地设置专用模块吊装开口，缩短模块以及模块辅助舱室设备的吊运距离，节省模块的安装或换装时间，并可用于模块辅助舱室设备以及其他单元模块或设备的吊装。此外，模块空间转运路线要求总体设计在确定甲板分层高度时必须充分考虑到模块的转运和安装因素。

2. 对总体性能设计的要求

采用模块化技术的船舶平台，由于吊运模块的需要，甲板上往往设置有各类模块吊装的大开口，并在开口区域进行船体结构的补强。此外，功能模块尤其是箱装体模块比常规设计中的设备质量大，从而增加了全船的质量。而且模块的布置位置一般较高，这样就使采用模块化技术设计的船舶的质量、重心分别比常规设计的船舶要偏大、偏高，对船舶的稳定性也会产生影响，从而影响船舶的总体性能。

换装模块之间的质量、重心以及受风面积也存在一定的差异，因此模块的换装也会造成全船质量、重心以及稳定性、浮态的改变。所以，在进行平台总体性能设计时必须充分考虑到这些因素，一方面在总体设计中采取有效措施，预留一定的质量储备和重心调节能力；另一方面要预留一定的稳定性储备。

质量、重心的计算以及储备排水量和储备重心高度的确定是船舶设计过程中非常重要的基础环节，是进行稳定性计算、快速性计算的依据。模块上船对常规设计中全船质量、重心的计算也应做相应的调整。便于在船上实现装备的现代化改装是模块化船舶的主要优点之一，因此装备的质量项可作为一个变动项（有效载荷），将船体及其他部分作为固定项。

储备排水量及重心高储备的确定对船舶研制工程的顺利实施以及现代化改装都是非常重要的。在常规设计中，对不同阶段的储备排水量和储备重心高度都是根据船舶的特点、技术状态的不定性和复杂性等因素，单独考虑并确定的。而采用模块化技术后，船舶的储备排水量和重心高储备的确定也应加以变化。

3. 对结构设计的要求

采用模块化设计后，需要对模块的安装部位进行全新的结构设计。如装备以模块的形式装船后，为了模块的吊装，需要在甲板上设置标准的甲板开口。模块方舱是通过模块方舱上盖板与甲板上的基座以螺栓形式进行连接，即吊装在甲板上。因此，为了保证强度和刚度（尤其是刚度）还需采取一定的结构措施以提高船体结构的强度和刚度。

（1）模块吊装开口的局部强度和刚度要求。由于模块吊装开口的尺寸较大，模块方舱又常常通过其上盖板与开口处船体上的矩形基座以螺栓形式连接（即吊装在开口处的甲板上），模块自身质量也较大，这样，甲板开口处会因平台摇摆而产生很大的惯性力。因此，在进行船舶平台结构设计时，必须考虑这些因素对吊装开口处船体结构局部强度的影响，并在设计中采取相应的措施减小这种影响。此外，由于不同的开口形式（方形开口、小圆角开口等）在角隅处会产生不同的结构应力，必须在结构设计中对吊装开口的形式进行分析研究，并针对应力分布情况采取相应的加强措施，以保证足够的结构强度。

由于模块对船体结构刚度有一定的要求，特别是平台首、尾端和上层建筑处的模块。因此，在平台的结构设计中，必须对船体结构刚度进行计算、分析和研究，以满足模块的使用效能要求。

(2) 模块吊装开口对船体总纵强度的影响。由于模块的装船均需在甲板上设置较大的吊装开口，而且吊装开口的周围可能还会有其他甲板开口，这样就会造成船体结构纵向构件不连续现象严重，参与总强度的等值梁截面受到影响。因此，在进行平台的结构设计时，必须考虑模块吊装开口对船体总强度造成的影响并进行分析研究，使吊装开口处的船体总强度满足规范的要求，确保模块装船后的正常使用。

(3) 结构及基座的振动和强度设计要求。具有相同尺寸的模块，其基座在物理尺寸上具有一定的标准，但换装的不同模块其质量会有较大的差异，因此必须对模块的基座设计进行综合考虑，使标准基座在满足模块的安装要求外，还需要满足不同模块对标准基座的强度要求。

7.2.2 对船电系统设计的要求

1. 电力负荷的裕度储备要求

不同模块之间在几何要素、功能接口的布置等方面保持一致，但对电力的需求难以保持一致，尤其是技术特征彼此差异较大的模块。为此，就要求在开展平台的电力系统设计时，考虑到将来模块改换装的需求，对每个功能区段内可能换装的模块的电力负荷进行综合分析，然后从兼容性的角度出发，确定每个功能区段的电力负荷和全船的电力系统容量。当然，这种冗余度的大小需要经过科学的分析才能够较好地确定，以满足不同模块装船对供电容量的需求。

2. 区域配电系统设计要求

国内的各型船舶目前大多采用一种干馈混合制区域配电方式，即把船舶按防火要求从船首至船尾划分为若干个区段，在每个区段设相应的区域配电系统。为确保航行中船上的重要负载（如操舵系统、推进系统和消防系统等）连续供电，一般这些负载由主配电系统直接供电，其他负载则由区域配电系统就近供电。电缆的连接在设备安装完毕之后进行，然后再进行设备的试验，即串行生产方式。这种串行生产方式带来的最大弊端是船厂的建造周期长、生产条件差和成本的增加。采用模块化设计后，与功能分区相适应，平台对功能区段实行区域配电，这种区域配电模式不仅可以提高电力系统的可维持性，还可以避免上述串行生产方式的弊端。

对功能区段实行区域配电后，每个区段都设有一个电力负荷中心，该中心承担了区段内的电力分配功能。每个负荷中心由主配电电缆上分支的电缆来供电，然后由负荷中心直接向设在各功能单元上的供电接口供电，待模块上船后与其供电接口对接以实现电源的供应。各功能单元内自设配电板或分电箱，形成一个独立的供电系统，这样就可以在陆上预先实现方舱内各电缆的连接，完成安装和调试。

3. 功能模块配电的标准接口装置要求

为了方便地实现各种功能模块与总体平台和功能区段的电力对接，应对电气接口装置实行通用化、标准化、系列化设计。电气接口装置的通用化、标准化和系列化设计应综合各模块的电缆接口电压等级、载流量、接插件数量、型式及装船的空间尺寸等多方面因素，并留有备用接口。此外，电气接口装置的设计还应满足操作使用要求，即功能模块电气接口的布置既要便于与平台之间的连接操作，又要满足自身的操作要求。

为了实现上船功能模块的方便换装以及模块与平台的方便对接，一方面要研制标准能源接口装置；另一方面要求船舶平台必须在功能区段内设置转接装置，把功能模块所需的大截面电缆固定敷设到该装置，待模块上船后，再通过软电缆与模块上的能源接口装置进行对接。考虑到模块一般都要安装在减振器上，所有的电缆在敷设时都应有一定的松弛量，以满足接口处的最大位移量。因此，所有的电缆和管路在敷设时都要满足一定的挠性连接要求。

7.2.3 对船舶系统设计的要求

1. 系统容量设计要求

为了方便实现功能区段内模块的换装，在进行船舶系统设计时应该对每一功能区段内船舶系统的容量需求及其趋势进行统计和分析，在合理裕度的基础上确定出船舶系统的容量，各系统的容量应能够适应功能模块换装所引起的容量需求变化。

2. 空调通风系统设计要求

常规设计中，空调通风系统一般仅有纵向总管，各舱段的空调通风由纵向总管的分支管路提供。这样在通风总管受损时全舰的空调通风系统都会受到影响甚至失效。此外，任何一个舱段遭遇有害气体入侵时也会影响到船上其他舱段。为了提高船舶的生命力，在船上广泛采用具有独立分舱的模块式空调通风系统。

3. 水灭火系统设计要求

与空调通风系统一样，常规设计中的水灭火系统一般也仅有纵向总管，各舱段从纵向消防总管中分支出来的消防管路进行水灭火，这样在消防总管受损时全船的水灭火系统就会受到影响甚至失效。为了提高船舶的生命力，在船上也广泛采用具有独立分舱的水灭火系统。

4. 功能模块供气、供水等的标准接口装置要求

为了方便地实现各种功能模块与船舶总体平台和功能区段和平台的对接，除了对电气接口装置实行通用化、标准化、系列化设计外，还必须对水、气、汽及空调通风等船舶系统接口装置实行通用化、标准化、系列化设计。船舶系统接口装置的通用化、标准化和系列化设计也应综合各模块对系统的要求及装船的空间尺寸等多方面因素，并留有备用接口。此外，各接口装置的设计还应满足便于操作的要求，即功能模块空调通风、水、气、汽等接口的布置既要便于与平台相应管路或设施的连接操作，又要满足自身的操作要求。

7.2.4 对船舶生命力设计的要求

1. 水密和防护要求

模块装船后，模块的组成设备都集中于模块中，而不是如传统设计那样散置于船体

内，而模块边界与平台结构之间又存在一定的间隙，为此，必须从生命力的角度来决定模块或开口是否要求水密、是否需要进行装甲防护。

2. 配电和船舶系统的生命力设计要求

配电和船舶系统作为船舶保障系统的重要组成部分，其生命力设计的好坏对全船生命力的好坏有着至关重要的作用。采用模块化设计后，全船划分为若干个功能区段，每个功能区段都是一个相对独立的舱段。与功能分区相适应，为了提高全船的生命力，就必须采取一种与常规设计不同的保障系统设计方法来进行配电和有关船舶系统的设计。

7.2.5 对系统、设备的要求

系统、设备是由相互作用和相互依赖的若干组成部分结合成的具有特定功能的有机整体，具有可分解性和可组合性的特征。任何一个系统都是由若干单元组成的。由于某些单元与其他系统的一些单元可以互换通用，因此，可将这些互换通用的单元从系统中分离出来，使其成为标准单元或通用单元，即系统、设备的可分解性。反之，为了满足一定的使用要求，又可以把设计好的标准单元、通用单元，再加上个别的专用单元组合成一个具有某些特定功能的新系统，即系统、设备的可组合性。

系统、设备是一个相对的概念，具有层次的含义。一个复杂的系统，可按功能和层次体系结构划分为分系统、设备、分机整件和部件等模块。这些组成模块中的任何一个模块都是由下一层次模块组合而成，而它本身又是上一层次模块的组成部分。

一般来说，对于系统、设备这类功能模块，主要由下列各部分组成：①设备或单元模块；②外围设备或单元模块；③保障设备或单元模块；④设备或单元模块相互之间的连接；⑤各级界面接口。

系统、设备的模块化设计，首先需要做好总体规划，确定系统、设备的系列型谱。为做好总体规划，必须充分调查和预测使用环境，用户需求以及科技发展的趋势。在做好调查研究和预测的基础上，进行充分的论证分析，确定满足需要的各种配套方案，优化选择主要的体系结构模块，确定系统、设备系列型谱。

模块化造船对系统、设备的通用技术要求一般应包含以下方面：

1. 一体化

任何系统、设备都应根据系统工程的要求和预先规定的目标，将系统、设备按功能和层次体系结构划分为若干模块，按机电一体化思想使其自身形成一个具有特定外形尺寸的相对独立的整体，具备在车间或专业厂生产的条件。贯彻机电一体化的设计思想，结构设计和电气设计必须协调统一、融为一体。只有机电一体化，才能保证模块功能的相对独立性和剪裁的灵活性。其整体的结构型式可根据系统、设备的具体情况合理地选用集装箱式、集装托盘式或集装托架式。

船舶上常用的CO_2灭火装置模块包括CO_2气瓶组、释放器、气控施放阀、三通转换阀组等主要部件及相应的仪表与管路。船员舱室模块包括复合岩棉板围壁、天花板、固定家具（床、沙发、写字台、衣柜等）、洗脸盆、灯具（顶灯、台灯、床头灯）、冷暖布风器、电扇及相应的管路。以上模块自身都可以形成一个相对独立的整体。

2. 功能独立

系统、设备应具有相应完整的独立功能，需要时还应具有其他辅助功能、保障功能。在满足接口要求条件下，在车间或专业厂能进行系统、设备独立设计、生产和调试。

CO_2 灭火装置模块可通过遥控施放站、主控制瓶和释放器或用手动方式开启瓶头阀，打开 CO_2 气瓶组，泄放 CO_2，对机舱等舱室进行灭火。船员舱室模块供船员起居，具有居住、照明、温度调节、盥洗等功能。这些模块功能明确，在上船前就能进行功能测试、检验。

3. 通用性

系统、设备应能适用于不同类型和不同吨位的船舶。将系统、设备中可互换通用的单元设计成标准单元或通用单元，使其不仅能在一种产品中使用，还能在具有这种功能的不同产品中使用。系统、设备的通用性使产品的多样化得以实现。

CO_2 灭火装置模块的设计根据 SOLAS（国际海上人命安全公约）的要求以及对 CO_2 灭火系统的其他有关规定，应适用于各种类型、不同吨位的船舶。对模块中个别部件稍加改装也可用于陆上。船员舱室模块适用于以复合岩棉板为舱室材料的居住舱室，适当改变复合岩棉板的尺度或数量，即可满足其他船舶的需要。模块的通用性表明它们可用于不同类型的船舶，具有广泛的实用价值。

4. 组合性

系统、设备应具有组合性。将系统、设备的标准模块、通用模块和专用模块以不同的方式剪裁和组合，通过界面接口的连接，增减系统、设备，以组成新的系统、设备，派生出不同功能的系统、设备，满足不同的使用需求。

5. 标准化

系统、设备应考虑特征尺寸模数化、结构典型化、部件通用化、参数系列化、组装积木化要求，形成标准化、系列化产品，其界面接口也应为标准化接口。系统、设备内的组部件还应满足标准化的要求。系统、设备在零件级可将标准件、通用件进行通用互换；在部件级、子系统级可将模块进行通用互换。

6. 可操作性

组成系统、设备的各个组成部分的布局、结构均应便于操作，并有合理的维修、保养空间，以保证其功能的完整体现。

7. 小型化

船舶的特点是空间小，层高低，系统、设备数量多。为保证船舶总体性能，对系统、设备的总体尺寸有较严的要求，故系统、设备的结构型式、布局的合理性都是很重要的，目的都是尽量实现系统、设备的小型化，以满足船舶的特殊环境需要。

7.3 模块化设计建造设备的运输性及环境适应性

7.3.1 模块化设备的运输性

水库深水清淤船采用模块化设计建造技术，这些部件按照计算和实际需求进行模块化设计和选型，所有设备到位之后，先进行组装、厂内调试，待各项功能均正常后，根据施工项目具体地址，可选择铁路或陆路将分解后的设备模块装在标准集装箱内进行运输，到达目的地后，再在施工现场进行二次组装和调试，然后下水试验清淤功能，待所有功能都正常且达到设计要求后，即可开始正常施工作业。

模块化设计建造的清淤船具有如下运输、组装性能：

1. 所有部件都可用标准化集装箱运输

深水清淤船按照模块化设计建造，其主要设备、部件包括主浮箱、铰刀头、泥浆泵、门架、卷扬机、定位桩、驾控室、船用吊机、柴油发动机、液压系统等，这些模块化设备、部件的尺寸和质量应完全满足标准化集装箱运输的要求，即所有的部件和设备都可以拆解后装入标准化集装箱内进行运输，且对其功能性不会有任何影响。

2. 易于在运输不便，起重等设备有限的偏远地区组装

首先，由于大部分水库所处的地理位置都较偏僻，而且水库与水库之间不一定可以通航，因此，深水清淤船无法靠自身航行或被拖行到指定的待清淤水库，而模块化设计建造的深水清淤设备可以很好地解决这一问题。只要水库可以通车，就可以将深水清淤船拆解成一个个模块，装进标准的集装箱内进行运输，大大提高其可抵达性。

其次，偏远地区除了交通运输不便，在通过汽车将清淤船模块运到现场之后，还要进行组装，但是大部分情况下只能使用汽车吊等起重设备，因此，得益于模块化和轻量级的设计，普通的汽车吊也可以较容易地将模块吊起进行组装。

3. 标准化集装箱可通过水路、铁路、公路运输

深水清淤船的模块化设备和部件可以装进标准化集装箱内进行运输，在可通航的河流上可以采用小型集装箱船进行运输，远距离可以采用铁路集装箱运输，近距离可以采用汽车集装箱运输，极大地方便了深水清淤船的转场需求。

4. 项目设备运输便利性、可靠性提高

由于采用模块化设计建造，深水清淤船可以通过水陆、铁路或者公路集装箱运输，在运输过程中有效避免了风吹、日晒和雨淋等环境因素变化对清淤船设备、部件等造成的损伤，运输可靠性大大提高。

5. 项目设备运输成本降低

采用标准化集装箱进行运输，只需要常规的集装箱船、货运火车或者运输车辆即可。不需要特殊类型运输工具，运输成本费用会进一步降低，而且集装箱运输也不会对道路的通过性有特殊要求，不会花费时间绕路，也节约了运输的时间成本，可以让设备及时进场施工，节约综合成本。

7.3.2 模块化设备的环境适应性

1. 运输、组装环境适应性

模块化设计建造的深水清淤船，其环境适应性相较于传统的清淤船更好。由于一般水库所处的地点都较偏僻，周围环境复杂，传统的清淤船要入场，船型和主尺度都有较大的限制，否则无法顺利运抵施工现场。但是模块化设计建造的深水清淤船，拆解后采用标准化集装箱运输，可以抵达绝大部分水库现场，到达现场后再重新组装下水，完全可以满足

不同水库环境的运输和组装要求。

2. 清淤作业环境适应性

清淤作业过程中，模块化设计建造的深水清淤船也具有较好的环境适应性，针对不同的水深、地质条件、淤积物类型，可以使用不同的清淤作业工具头，不挑地形、不挑淤积物类型，可以更好地做到持续性清淤作业，提高施工效率。

7.4 水库深水清淤船的模块化设计

7.4.1 设计原则

按照功能模块化的设计理念，本船包括浮箱模块、定位桩系统模块、桥架系统模块、门架模块、挖掘设备模块、船电系统模块、岸电系统模块、推进系统模块、抛起锚系统模块、支撑平台模块、居住及控制系统模块、操纵模块、驱动系统等系统集成功能模块。

各模块间通过铰轴、螺栓、法兰、快速接头、箱脚等多种方式组合连接，可较方便地将船舶拆卸成独立的模块分别运至指定区域，通过吊机（如汽车吊）即可较快速地组装成完整的清淤船。船体布置如图 7－1 所示。

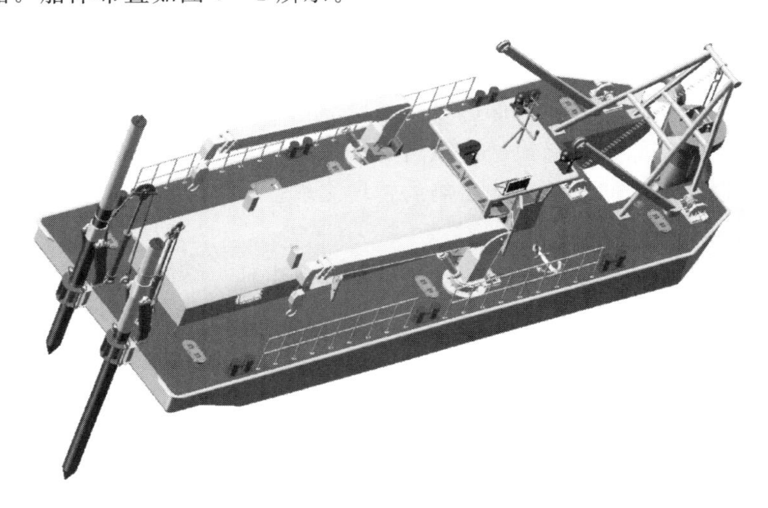

图 7－1　船体布置图

为便于陆路运输，本船的功能模块以原“国内公路运输大件等级划分及标准”中的最低等级，即一级大件的标准为参考，功能模块的各项指标均不超过表 7－1 的上限。本船的主要尺度见 3.1 节。

表 7－1　　国内公路运输大件等级划分及标准

大件等级	长度 L/m	宽度 B/m	高度 D/m	重量 G/t	备　注
一级	[14，20)	[3.5，4.5)	[3，3.8)	[20，100)	达到指标之一即归入该等级

7.4.2 船体浮箱组合型式设计

传统的组合式船体，如中国船级社《钢质内河船舶建造规范》（简称《内规》）规定：组合式浮箱结构船体一般应由一个主浮箱和在其两侧对称布置的边浮箱组成。现有的工程船船体浮箱组合型式如图 7-2 所示。

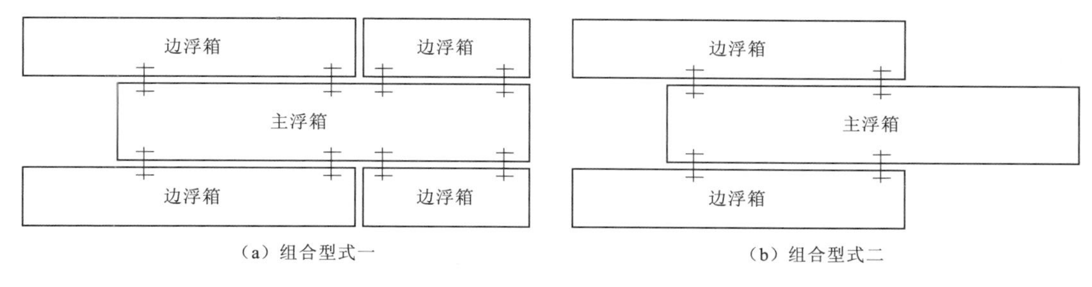

（a）组合型式一　　（b）组合型式二

图 7-2　现有的工程船船体浮箱组合型式

结合精巧化的设计理念，以船体及浮箱连接组合装置具有足够的抗弯矩、抗剪切及抗扭转能力，确保船体总强度为原则，本船采用的浮箱组合型式一的设计原则，以最小的船体型长满足大挖深的需要。

本船的主船体由一个主浮箱、两个尾边浮箱和两个首边浮箱组成。根据船体浮箱的功能及布置需要，由船底接头、甲板连接盒、甲板铰链、支撑平台、门架等部分组成连接组合装置，通过螺栓、铰轴、焊接等方式，将组成主船体的浮箱根据功能需要进行组合连接，满足连接强度、功能需要的同时可比较方便地进行拆装。

7.4.3 连接组合装置设计

在连接组合装置的各组成部分中，船底接头、甲板连接盒、甲板铰链是专用的连接结构，支撑平台和门架有其自身功能兼作连接结构。

1. 船底接头

每对船底接头由一个钩头和一个母槽组成，钩头和母槽分别焊接固定在两个相连的浮箱底板上，根据浮箱不同的拼装顺序进行匹配布置。当浮箱拼装时，将带有钩头的浮箱固定，带有母槽的浮箱从上往下放，使接头吻合勾住。

船底接头主要用于防止浮箱底部相互脱离，同时承受浮箱上下相对运动产生的剪切力。由于船首浮箱受向下的压力比较大容易相对后方浮箱下沉，因此将纵向船底接头的钩头布置在后方的浮箱上，充分利用船底接头的抗剪切力。

由于主浮箱尺度较小，在水中能提供的浮力较小，而主浮箱受到桥架系统及设备向下的力较大，主浮箱相对边浮箱有下沉的趋势，因此将横向船底接头的钩头设在边浮箱上。但由于设置的横向船底接头还不足以提供足够的抗剪切力，在主浮箱及边浮箱连接处设置成如图 7-3 所示的甲板凸肩，由凸肩承担主浮箱下沉产生的作用力。

2. 甲板连接盒

甲板连接盒由连接耳板、连接螺栓、密封盒、盖板组成，每组甲板连接盒设有 1 对连

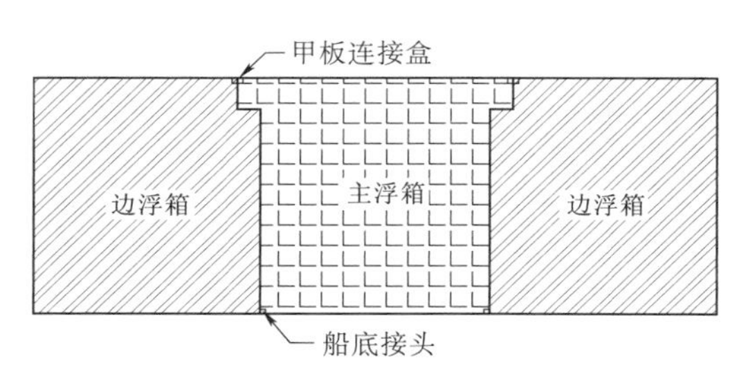

图 7-3　主浮箱及边浮箱连接图

接耳板、1 对密封盒、1 对盖板及若干高强螺栓，连接耳板分别焊接在浮箱连接处与甲板相接的外板上，用密封盒确保该处浮箱的水密性，拼装时通过高强螺栓将 2 个浮箱上的耳板连接，用盖板盖平。

甲板连接盒是船体浮箱在甲板处的主要连接装置，是组成船体的浮箱能无缝拼装的前提，其连接螺栓主要为船体浮箱提供较大的抗拉、抗弯力。

3. 甲板铰链

甲板铰链布置在前后边浮箱连接处的侧面，每组甲板铰链由 2 个铰座及 1 个铰轴组成。2 个铰座分别焊接在前后边浮箱上，浮箱拼装时通过铰轴连接。

甲板铰链是在初步的结构强度校核之后，为减少甲板连接盒连接螺栓的受力而增加的连接装置。主要为船体梁中拱、中垂时提供抗弯力，当船体梁受到较大的弯矩时尤显重要，可为甲板连接盒的螺栓很好地分担受力。

4. 支撑平台

支撑平台纵横界面均可根据需要设置成镂空的桥拱形式以方便桥架布置，同时平台上可布置/安装功能设备。通过螺栓与设置在浮箱上的基座法兰连接，在横向上跨中将左右边浮箱连成一体，在纵向上跨过前后边浮箱将前后边浮箱连成一体。

支撑平台在为功能设备提供支撑的同时，对浮箱起到了连接加强的作用，既可以提供浮箱左右相对运动的抗拉/抗压力、上下相对运动的抗剪切力、斜向受力的抗扭力，也可以提供船体梁在中拱、中垂状态下的抗弯力，是船体横向和纵向强度的重要连接结构。支撑平台及边浮箱连接如图 7-4 所示。

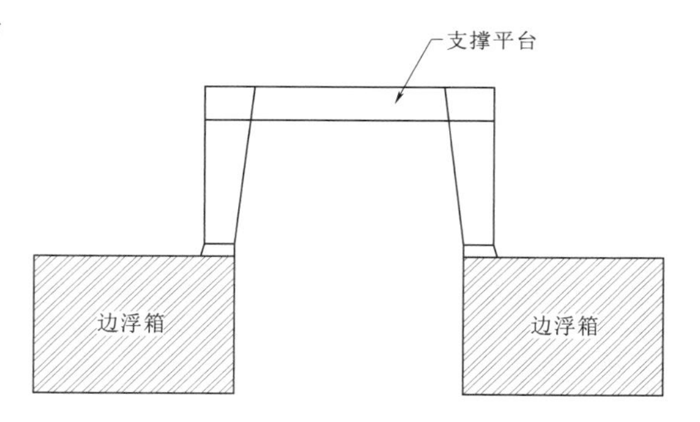

图 7-4　支撑平台及边浮箱连接图

5. 门架

门架是一种门字形的桁架结构，由两侧的立柱结构及顶部的横跨结构组成，为收放桥架和横移锚提供支撑的同时兼作浮箱连接结构。门架通过螺栓、铰轴相结合的方式，跨中安装在船首的边浮箱上，与船尾的主浮箱相呼应，将左右边浮箱的两头连接起来。

门架可为浮箱提供左右相对运动的抗拉/抗压力、上下相对运动的抗剪切力、斜向受力的抗扭力，防止浮箱在水平、上下产生相对错位，防止船体产生扭转。

7.5 小　　结

模块化建造技术是现代船舶设计、建造的发展方向，如何使模块化设计方面跟上国内外新技术发展的步伐，开展模块化技术的一些基础性研究是十分必要的。船舶装备的模块化势在必行，并已经显示了强大的生命力和极其广阔的发展前途。

本章通过消化和吸收国内外有关资料，对模块化造船对船舶平台设计的要求进行了分析和研究。作为船舶的有机组成部分，系统、设备、功能单元等如何适应模块化造船的发展，对系统、设备的设计要求和功能单元的设计原则是其基础。通过对系统、设备和功能单元的自身特性和组成的分析研究，结合模块化的设计思想，以模块化的观点提出了对系统、设备的设计要求以及功能单元的设计原则。

第8章　清淤施工技术应用

环保清淤是近年来发展起来的新兴产业，是水利工程、环境工程和清淤工程交叉的边缘工程技术。环保清淤是指在清淤工程中，将常规施工中的疏挖行为与水土护理、生态重建、环境整治和资源利用等环保内容相结合，通过综合治理，最终实现清除淤积和恢复生态的双重目标。

本章通过对水库库区库底淤泥环保处理和水面漂浮物处理两方面工程施工技术进行介绍。

8.1　库底淤泥环保处理施工技术

清淤是通过对水下污染底泥的疏挖，以彻底地清除底泥中所含的污染沉积物，从而达到控制污染水体的内源。在疏挖过程中，应尽可能减少机具对水底污染物的扰动，避免因施工造成污染物的扩散，出现水体浑浊，影响清淤效果与水源环境；在输送清除的污染底泥时，要做到封闭性高、连续性好、中转少、时间短、安全可靠，最好是与疏挖同时进行，一次性完成疏挖和输送过程，且应将其全部干净地排卸至预先选定的位置堆存。还要根据底泥的污染程度，对清理出的污染底泥进行脱水干化、药剂消毒、有机降解、堆填造地或作为一种资源再利用等一系列环保措施处理。

8.1.1　环保清淤工程技术

在污染底泥的疏挖、输送和堆存环节中，应杜绝施工带来的二次污染。因此，环保清淤工程需要解决好以下三项技术问题：

（1）清淤机具的选择与控制技术。清淤机具的选择直接决定了清淤疏挖的形式。一方面，不同的清淤机具对底泥的扰动程度不同，防扩散和泄漏性能不同，吸入浓度不同，因此，施工中造成的污染物对周围水体的污染也不同；另一方面，不同的清淤机具有不同的作业效率，从而对清淤效益和工程成本产生很大影响。

（2）污染底泥的输送技术。在环保清淤工程中，应将清除出的污染底泥送至预先选定的堆场，而堆场往往距施工地点较远，在输送过程中要避免对沿途环境造成污染。所以，底泥输送技术要解决二次污染问题。

（3）污染底泥的处理技术。清出的污染底泥中含有各种对环境有害的污染物，不能直接吹填堆放。应对其进行生态风险评价，根据污染底泥的毒性和危害采取相应的处置措施，以避免对周围环境造成二次污染。清淤出来的淤泥或泥沙等根据库区底泥情况进行资源化处理，一般大致可分三类：①工程用途，用于港湾、机场和住宅等的基础建设；②农业和林业用途，当作肥料用于农田菜地和城市绿化；③建筑用途，用于烧制黏土陶粒和瓷质砖，或配置混凝土等。

8.1.2 环保清淤施工工艺原理

利用环保绞吸式挖泥船的大功率泥浆泵，采用刀头定位装置实现精确挖掘，该方法在传统环保绞吸清淤机的铰刀头上增加了定位防护罩，开挖精度控制在10cm以内，实现了精确清淤，安全保障效果显著。环保铰刀头将河湖底泥浆吸入全封闭泥浆管道，并输送至进水口前池，泥浆经过垃圾筛分系统通过管道混合器进入沉淀池沉淀；细颗粒通过重力通道进入浓缩池，在浓缩池中进行化学调理后，泥浆通过管道输送到机械搅拌系统，搅拌系统中设有筛分装置，对泥浆中的杂质进行进一步的筛分和处理；采用加压泥浆泵系统将物料池中搅拌均匀的泥浆泵送至板框压滤机进行压滤脱水固化处理；排出的固化泥浆由传送带输出并储存在预定位置，此时固化泥饼的含水量低于41%。底泥清淤、固化一次完成，可实现24h不间断作业；泥沙脱水效率高，固化后便于运输；脱水泥饼的含水量为35%～40%，处于硬塑状态，体积减小量大，大大降低了处理后污泥的运输成本和占地成本；过滤水清澈，尾水悬浮指数SS小于20mg/L，符合国家Ⅰ类水排放标准。

环保清淤施工工艺固化剂主要由聚合氯化铝、聚丙烯酰胺、聚合氯化铁、非金属氧化物SO_2和SO_3、重金属捕集剂等组成。通过动态调整清淤底泥组成、进行随机取样试验，确定最佳配比后应用于工程中。压滤固化后的沉积物无侧限抗压强度7d超过0.2MPa，可用作建筑原料，也可用作农业、园林绿化和土地改良的土壤材料，实现河湖沉积物的资源化利用和最终处置。该方法强调河湖底泥处理首先要达到“减量化、无害化、稳定化和资源化”的目标，符合国家提倡的可持续发展和循环经济的要求。

环保清淤施工工艺适用于大、中、小型河流，湖泊，水库的大流量清淤和生态环境清淤工程，特别是在环保处置要求高的城市河湖清淤固化处理中，经济和社会效益更加突出。

8.1.3 环保清淤施工工艺流程

环保清淤资源化利用工艺流程为：施工准备→绞吸船泥浆输送（绞吸船组装就位→刀头定位装置安装→浮管输泥管安装→水下生态沉积物清淤→管道输泥）→淤泥初筛选→药剂浓缩沉淀→二次浓缩沉淀→振动二次筛分→压滤、固化泥饼→资源化利用。环保清淤施工工艺流程如图8-1所示。

环保清淤资源化利用工艺具体细化可分为以下系统：

（1）环保清淤资源化利用处理系统：底泥清淤→污泥管道输送→污泥粗筛→化学浓缩调理→底泥固化调理→板框压滤脱水熟化→污水澄清处理。

（2）污泥输送系统：利用环保绞吸船将河道淤泥输送至现场污泥处置厂排泥区前池。

（3）淤泥粗筛系统：淤泥混合泥浆通过淤泥粗筛系统，分离污染底泥中的漂浮杂质。

（4）絮凝剂调理系统：首先筛分系统对泥浆中的垃圾、砂石进行移除，接着沉积物被泵送至浓缩池。在管口处设置絮凝剂加入装置，使沉淀物逐渐浓缩并沉淀在底部，浓缩沉淀物被输送到指定地方进行后续处理。上清液排放至余水池处理，达标后排放。将浓缩后的泥沙输送至泥沙调理存储池，在调理装置中加入化学物质（固化剂）进行混合调理，形

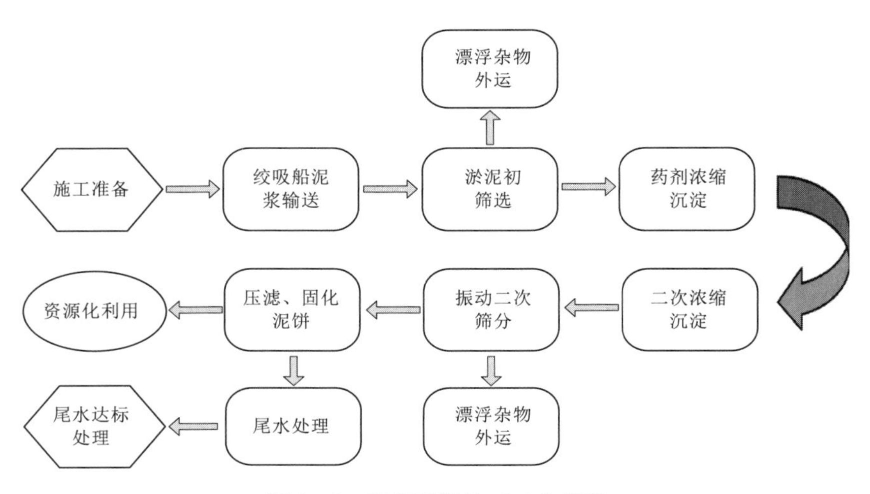

图 8-1 环保清淤施工工艺流程

成沉积物的骨架结构，促进细胞内水分的释放和沉积物微粒的聚集，彻底改变沉积物的高持水能力，促进泥水分离，提高强度，使排出的泥沙满足改性要求。

（5）板框式压滤系统：在泥浆由板框式压滤机输送的条件下，由给料泵和高压油泵提供强压力挤压底泥，得到含水量小于 41%的块状泥饼。将压滤后的水送入污水处理系统进行后续处理。

（6）污水净化系统：对浓缩机和调节池的上清液进行沉淀，对压滤后产生的加压过滤水进行沉淀，以减少悬浮固体，达到有关标准后排放。

8.1.4 环保清淤施工工艺操作要点

根据设计图纸及相关施工规范后编制施工计划并进行技术披露。通过初步的地形调查和污泥处理能力计算，确定污泥污染因子的含量和最佳化学试剂配比。

1. 泥浆输送与淤泥粗筛分

利用绞吸船的大功率淤泥泵将河底淤泥输送到进水口前池。泥浆经管道输送至筛面，过滤后的水从筛板的缝隙中流出。同时，固体物质通过筛分机后大颗粒逐渐沉降，然后用机械方式清除。

2. 沉淀池

粒径大于 0.2mm、密度大于 2.65t/m^3 的砂粒经过沉淀池后沉淀，清除的泥沙可以用于建筑填料。经过沉沙池运行稳定处理后效果好。一般设置两级沉淀池，在缓流作用下砾石沉降效果较为理想。

3. 浓缩池

泥浆经过浓缩池溢流，在自然重力作用下沉降比较慢。在溢流口设置化学添加设备，使泥浆通过时，提高底泥的固含量，便于后续处理。如果药剂输送过多，容易使井底泥浆结块，不利于提升和再运输。如果太小，泥浆就不能容纳，水也不能分离，达不到浓缩的目的。为保证纸浆浓度和尾水质量，浓缩器不应少于 2 个。浆液经过化学调理后，通过罐底的管道泵送到机械搅拌系统。从尾水表面分离出来的悬浮物，经排水管收集至污水澄清池，经处理后排放。

4. 底泥调理装置

底泥调理装置接收化学浓缩机中由扬升泵输送的底泥，并添加化学固化剂，通过搅拌使固化剂迅速反应，达到底泥改良的目的。调节好混合调理装置后，污泥排入沉淀储存池。

5. 药剂投加系统

为了提高脱水性能需要添加化学品调节酸碱度以降低污染物的活性。

6. 沉淀存储池

污泥在搅拌调节装置中调节后，直接流入池中。由于调节后的污泥已经与水分离，池中的部分水可以通过池中的溢流管排出，使得储存池有更多的空间来储存调节后的污泥。

7. 压滤系统

该系统的主要设备为压滤机和传送带。沉淀储罐中处理后的污泥由泥浆泵泵入过滤室。当过滤室充满泥浆时，在压力泵的压力下，水通过过滤板上的排水孔从滤布中过滤出来，并排入清水池。当没有水从排水孔中过滤出来时，关闭加压泵，排出加压水，释放气缸压力，然后将固化污泥排出并储存在预定位置。此时，固化污泥的含水量约为 41%。

8. 固体（泥饼）运输

经污泥处理后，污泥饼含水量小于 41%，无二次污染。泥饼的承载力、渗透性和 pH 值与普通土相当，可作为路堤加固和地基工程的回填材料，也可作为农业、园林绿化和土地改良的土料。

9. 尾水处理装置

残留水主要由有机物和悬浮固体组成。为防止余水中有机物和悬浮物的污染，设置了尾水处理装置，尾水采用沉淀池处理。处理后，剩余的水可以排入水体，还可用于溶解药物。

8.1.5 尾水处理技术工艺

环保清淤过程中，污染底泥经绞吸式挖泥船清淤后产生大量悬浮颗粒浓度极高的泥浆，泥浆通过管道输送至处置场地，清淤底泥减量化处理将产生大量尾水，其中含有大量的有机物、氮、磷、重金属等污染物，且大部分污染物附着在细颗粒上，难以沉降，直接排放将危害环境，造成二次污染。

尾水须经过净化处理后达标才能排入受纳水体。为了尾水的达标排放，需要加快尾水细颗粒的沉淀，减小悬浮颗粒物浓度。现有环保清淤尾水处理的主要办法包括物理处理法、化学处理法及物理化学综合处理法。

清淤泥浆通过管道输送至淤泥处理厂，通过板框压滤进行减量化处理，压滤尾水的水质受清淤底泥来量及含量成分变化而变化。若不能稳定保持在排放限值以下，则压滤后的尾水进入调节池，防止未达标调节池尾水排放至受纳水体，污染环境。调节池过量的水体将流入尾水池进行处理，达标后排放。

尾水出水应在生物安全范围内，不对受纳水体生态环境产生明显危害，且不含有当地水厂现有处理工艺无法去除的污染物质，从而导致饮用水水源污染。在本项目中尾水处理工程要求尾水水质排放达到《污水综合排放标准》（GB 8978—1996）一级标准，其中主要控制因子固体悬浮物（SS）浓度按不超过 70mg/L 控制。

1. 尾水处理总体设计

清淤泥浆在调节池中均化调理至适宜浓度后输送至板框压滤机，压滤后的尾水通过管道流至调节池，调节池中多余的水将流入尾水池进行处理。设计充分考虑场地大小，合理有效地布置尾水处理场所。在实际清淤工程中水质排放没有统一标准，一般以悬浮物浓度（SS）作为控制指标。

研究表明，通过控制清淤尾水 SS 基本可以控制尾水水质。尾水池中的尾水处理工艺（图 8-2）主要如下：

（1）通过尾水池的流径延长设计增加尾水水力停留时间、沉降有效水深、流速，增强悬浮物自身重力沉降作用，强化颗粒在尾水池的沉淀效率，达到去除固体悬浮物及其他污染物的目的。

（2）尾水流入 1 号尾水池前，加入絮凝药剂，通过水力混合形成初沉，在 1 号尾水池前段再次加入絮凝药剂，便于尾水在 2 号尾水池进一步沉淀。污染物附着在颗粒物上，絮凝沉积在尾水池底部，上层清水通过排水沟渠进入受纳水体。

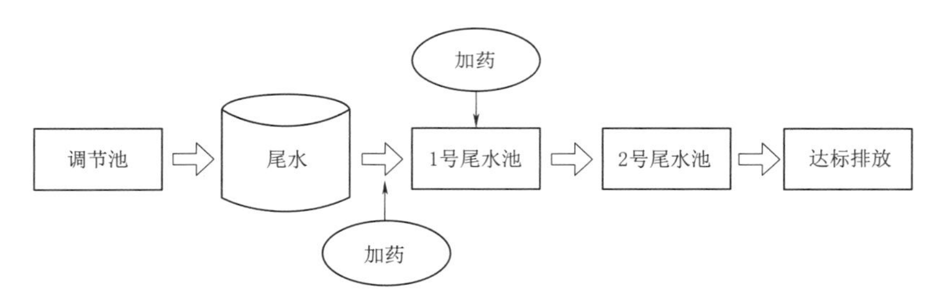

图 8-2　尾水处理工艺流程

2. 尾水池处理设计

从调节池流出的尾水悬浮颗粒粒径较小，所需的沉淀时间很长，当尾水池运行一段时间后因悬浮物沉积导致容积减小，尾水中的颗粒物则随着水力停留时间缩短而难以沉淀，此时尾水将携带污染物进入收纳水体，污染环境。为解决此问题，需要通过延长尾水流径，以增加水力停留时间，增强悬浮颗粒的沉降作用，保证尾水达标排放。

（1）尾水来源及尾水池进水设计。尾水池进水管是连通调节池与尾水池的管道，它的作用是确保调节池水量、控制尾水池进水流量、改善尾水沉淀效果等。水泥排水管管径 600mm，起点设置在调节池排水闸处，排水闸为闸板溢流式，位于调节池角落，远离排泥管管口。排水闸结构简单，有利于加药穿孔管的架设。调节池上清液溢流通过水泥排水管进入尾水池，流量为 $500m^3/h$，泥浆浓度大于 1000mg/L。

（2）尾水池设计。在本工程中，尾水池包括 1 号尾水池（图 8-3）和 2 号尾水池（图 8-4）。尾水池通过隔墙形成 S 形流径，增加水力停留时间，增强悬浮物自身重力沉降作用，强化颗粒在尾水池的沉淀效率。尾水池受场地限制，占地面积相对较小，1号尾水池为矩形，占地面积 145m^2，容积约 340m^3；2号尾水池为梯形，占地面积为 362.5m^2，容积约 760m^3。2号尾水池的最后一道隔墙两端与尾水池墙壁连接且降低高程，上清液将溢流进入最后一个小池中，该池中上清液通过排水闸溢流至沟渠，最后流入受纳水体。

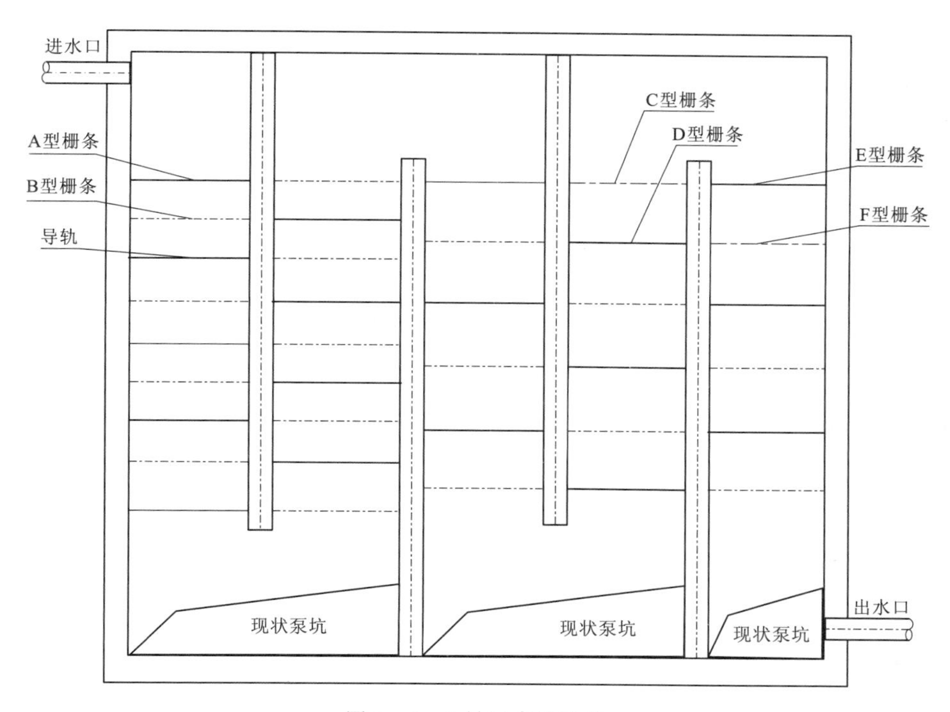

图 8-3　1号尾水池设计

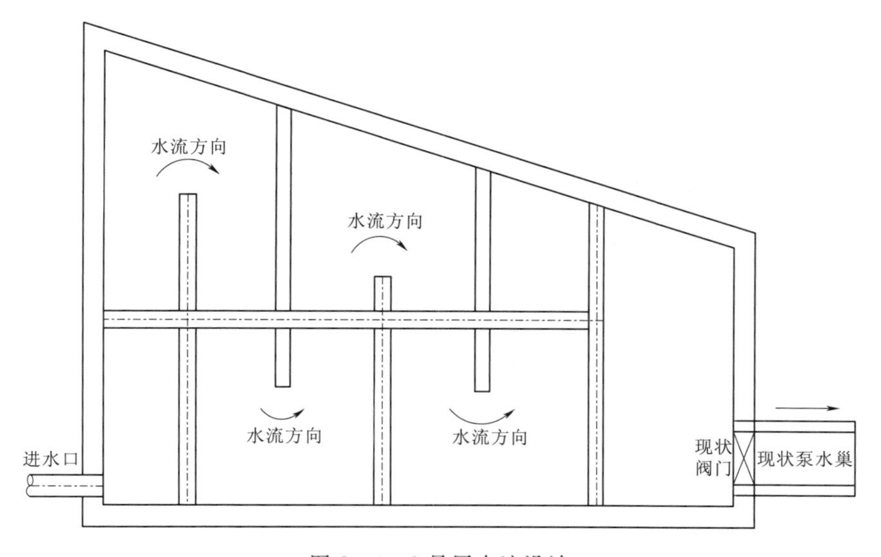

图 8-4　2号尾水池设计

（3）尾水化学处理工程设计。随着悬浮颗粒沉积池底，池中没有足够体积的水体，不能为尾水中的颗粒沉降提供充分的沉降区域和时间，这会导致尾水不能达标排放。当调节池来水量大且水流较大时，水体中的颗粒物在尾水池无法充分沉淀，尾水也不能达到要求排放，需进一步对尾水进行处理。在本工程设计运用中使用化学处理方法。化学处理方法即向尾水中投加化学絮凝剂，加速尾水中悬浮颗粒絮凝和沉淀，降低悬浮颗粒浓度，促进尾水达标排放。

调节池的尾水通过排水闸进入水泥排水管后，流入尾水池。当尾水通过排水闸时，利用化学加药设备泵送絮凝剂，通过排水闸上架设的穿孔管向尾水中均匀加入无机絮凝剂。通过水力混合在1号尾水池过流通道内形成沉淀，在池中还布置了A、B、C、D、E、F六种不同的格栅（图8-5），增加水体流动紊动强度，提高絮凝剂与水体的混合效率。期间为加速絮状物沉淀，在1号尾水池前几个格栅之间加入适量有机絮凝剂（图8-6）。悬浮物及其他污染物随絮凝体沉积在1号尾水池后，上层清水通过管道排入2号尾水池，池中水流缓慢，絮凝物进一步沉淀。尾水池中的污泥定期清理，运至纳泥场，以保证尾水池的有效沉淀空间。

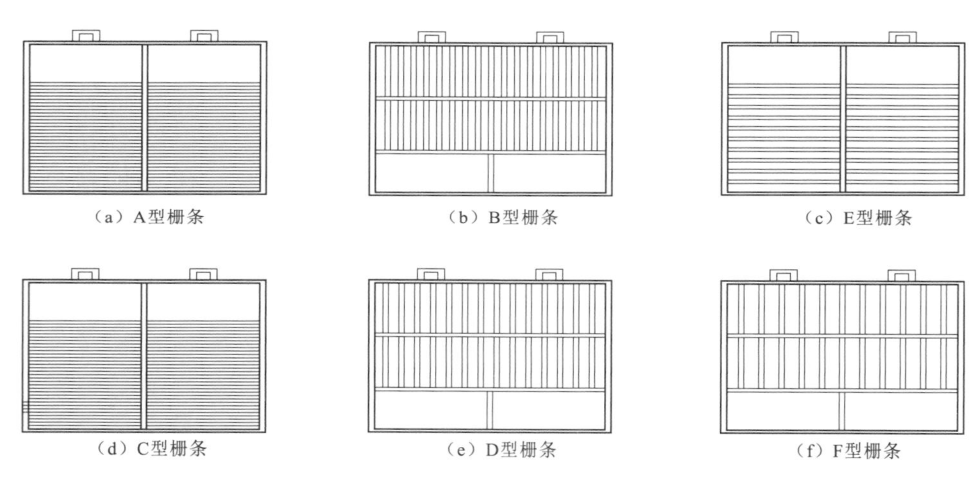

图8-5　1号尾水池格栅设计

图8-6　有机絮凝剂加药位置

（4）药品及化学加药设备。化学加药设备具有一体化特性，配有搅拌系统、加药系统、送药系统及自动控制系统，将溶解絮凝剂、配制药液、储存药液及输送药液结合，自动化集成处理。设备具有溶药、配药及送药一体化功能，在工作时，打开进水阀门，进行注水作业，水位一定后通过加药漏斗装置加入固体絮凝药剂，此时开启搅拌机进行搅拌。待溶药水箱液位达到最高后，停止搅拌机和潜水泵，开启水箱出药阀，药液输送至开孔横管，注入尾水。在尾水处理工程中配备有两个溶药水箱，一用一备、合理操作，保证加药过程不间断。

工程中使用的絮凝药剂有无机絮凝剂聚合氯化铝（PAC）和有机絮凝剂聚丙烯酰胺（PAM）两种。无机絮凝剂聚合氯化铝用量较多且先加入，主要是因为悬浮物浓度较高的尾水是一种浓分散体系，加入聚合氯化铝以后，吸附在颗粒物表面，水解后形成的较高电荷及较大分子量发挥电中和及黏结架桥作用，促进胶粒相互聚集为微絮粒；有机絮凝剂聚丙烯酰胺加药位置靠近1号尾水池尾水入口处，充分利用链状分子在粒子间的架桥作用网捕细小的颗粒，增大沉降速度。配置的溶药箱容积为 $2m^3$，配置药液浓度为 $12.5kg/m^3$，药液释放速度为 $0.05m^3/min$，保证聚合氯化铝药剂在尾水中的浓度（重量体积比）为13.5%，聚丙烯酰胺为5‰～1%。

3. 结果与分析

本工程为解决清淤底泥处理后尾水达标排放，因地制宜地设置两个尾水池，通过改进尾水池延长尾水流径，优化絮凝药剂使用工艺，必要时刻可适量增大絮凝剂使用量，从而保证处理效果。

2016年12月，尾水池建成投入使用，由于调节池水质受清淤底泥浓度和成分影响，尾水处理效果不能维持稳定，需对尾水处理工艺进行优化。2017年1月对尾水池实施延长流径改造，改造完成后，2号尾水池的水质情况得到改善，尾水能够达标排放。

调节池水质监测数据（表8-1）显示，总磷浓度和悬浮物浓度（SS）均超过了污水排放一级指标，不能直接排放。经过上述措施处理后，排放尾水SS值小于70mg/L，重金属、总磷及其他指标均符合《污水综合排放标准》（GB 8978—1996）一级标准指标。2号尾水池尾水监测数值表明，水质达到设计标准可以排放。调节池和2号尾水池监测数据表明工程尾水处理采取以上措施是行之有效的。

表8-1　　调节池水质情况　　单位：mg/L

总磷	总氮	悬浮物	总镉	总汞
1.54	6.9	1136	0.0004	0.00004

8.2　水面漂浮物处理施工技术

江河上游大量漂浮物被顺流带下，会逐渐积聚在大坝上游近坝水域，同时，大坝库区蓄水后，农田山林被淹没，生活垃圾、天然杂物和工业垃圾随水而起；再加上汛期随雨水带入的农作物秸秆、杂草，倾倒入水的垃圾，会使库区形成大量的漂浮物，并最终聚积于水库大坝坝前。同时在水库大规模深水清淤工程中，由于地下泥沙受到扰动，会浮现出大量腐殖树枝、草根，也会与上游漂浮而来的垃圾一起，形成施工期间的二次污染源。因此必须采取措施，防止垃圾扩散，及时清理，以防污染扩大，对库坝区水质以及枢纽运行安全造成极大隐患。水面漂浮物的主要危害包括减少电站的发电量，威胁电网的稳定，影响船舶正常航行，影响环境卫生，破坏水面景观，影响库区水生生物的生存环境。

库区漂浮物治理是水库运行管理中具有共性的难题，其困难在于涉及技术、经济、环保等诸多层面。即使是从技术角度来看，也面临多种技术的选择或决策问题。

针对库区漂浮物治理问题，国内已积累了大量的工程实践经验，粗略可分为基于漂浮物运移规律的导漂技术、导漂拦漂技术、排漂技术、漂浮物清理技术 4 个方面。通过对国内漂浮物治理措施、工程实际运行情况进行分析，结合水库漂浮物的变化趋势，采用清漂船进行库区水面漂浮物清理，对大中型水库漂浮物治理是比较合适的。

8.2.1 基于漂浮物运移规律的导漂技术

河道漂浮物形状与组成多样，具有一定的地域和季节特征，漂浮物运移状态受河势、地形、工程布置及枢纽运行条件、库水位、来流量、流态、支流、风力、船舶航行等多种因素影响，不同工程漂浮物的分布、滞留、运移与聚集既有共同特点，又表现出特有的规律。漂浮物运移特性的研究主要有基于流体动力学的数值模拟计算方法、监测以及试验研究三种途径。研究对象范围已从河道和水库扩展到海洋漂浮物的运移特性研究。

对于河道、水库库区漂浮物运移特性研究较多的是国内，而且主要是结合巨型水库工程项目进行的。例如，三峡坝区漂浮物运移特性的研究从控制条件下的漂浮运移规律、坝区来流量对漂浮运动规律的影响、库水位变化对漂浮运动规律的影响、枢纽调度方式对漂浮运动规律的影响 4 个方面进行系统分析，以此为依据，设置导漂建筑物。

从实际工程应用来看，以实际水库的库区漂浮物运移特性为基础进行的研究方法主要有以下两类：

（1）以水库不同运行条件下漂浮物实际分布情况为依据，设计漂浮物的拦截、排放和清理技术方案。这类治理方案在某种程度上属于工程补救型技术方案。其主要原因在于对流域内漂浮物数量、类型，以及运移特性难以准确预估。

（2）以库区地形地貌为基础，采用河流动力学和流体力学方法进行理论计算，并结合模型试验获得库区漂浮物运移特性，进而设计漂浮物拦截、排放和清理的技术方案。

8.2.2 导漂拦漂技术

从工程应用来看，水库漂浮物的拦截主要有以下技术措施：

1. 设置漂浮物诱导设施

（1）水流表层导流屏。水流表面导流屏是由平板组成的水工结构物，可用其改变水流表层或底层流线方向，利用水流表层流向使漂浮物改变浮动方向。

（2）临时性简易导流屏。简易导流屏采用竹料、荆条和板条等材料快速制成、及时安设导流工程物，是拦截突发漂浮物应急的有效措施。

（3）导漂建筑物。因漂浮物或在水面上，或在水面下的一定深度，故对其一般都采用导漂建筑物进行拦截。导漂建筑物主要有浮排、浮筒、浮箱，要求导漂建筑物能随库水位的变化而自由升降。

2. 设置浮动型截留设施

（1）浮动型承水挡诱导漂子。承水挡诱导漂子的特点是水流、漂浮物和风对漂子的作用力与水流对承水挡的作用力相互平衡，从而使它能在河流中保持所需求的漂泊位置，有利于控制并诱导漂浮物沿规定路线和方向浮动，顺流而下。

（2）浮筒式拦污排。浮筒式拦污排一般用铁板卷焊而成，或采用硬聚氯乙烯（PVC）管材，两端用 PVC 板材焊接密封，并焊有耳件，便于用钢丝绳串联，浮筒尺寸一般不是很大，以保持一定的吃水深度，有时在浮筒拦污排的上游迎水面加有挂栅，以拦截水下一定深度的物体，并阻止漂浮物从浮筒下钻入拦污栅。浮筒式拦污排的构件大多能预制，可在现场安装，施工、维修方便。

（3）浮箱式拦污排。浮箱式拦污排一般尺寸较大，大多用钢板焊接或用钢筋混凝土预制，现场安装而成，单个浮箱有时长达几十米，箱体内有时还需要加载压重，以保持箱体的稳定平衡并有一定的拦截深度，浮箱之间一般用十字铰接，还可以兼作工作桥。

由于导漂建筑物在设计和实际运行过程中存在的问题非常多，成功的实例很少，这主要是水电站枢纽和导漂建筑物的布置不合理，以及导漂设施的结构设计不合理所致。

3. 设置拦污栅

拦污栅是最常用的一种漂浮物拦截设施。通常设置于取水口，作为水库取水（泵站、电站）的最后一道拦漂屏障。

常用的拦污栅有格栅式拦污栅、拦污网和浮式拦污排三种。格栅式拦污栅应用最为广泛，用于对整个过流断面的较大污物的拦截，有立式和斜式两种安排方式。然而，在实际运行中由于拦污栅网格较小，容易造成拦污栅前后水位差过大，影响取水设备正常运行。因此，在工程应用中，拦污栅与清污设备通常作为一个整体系统进行设计。拦污网设在进水口前一定水域的前沿，用以拦截水流中漂浮的排架式拦污设备。在漂浮杂物较多的河道上，如仅设拦污栅，会使栅前的污物大量堆积，清理不及时，将堵塞栅孔，影响引水。在拦污栅前设拦污排，两者结合使用，效果良好。长条形水上拦污网采用单个圆柱体穿绳组合，两端在岸边锚固件上进行固定，形成整体式组合拦污栅，可随水流的升降变化而改动，形成新型的水上无助力拦污漂排，达到高效水上拦截效果；也可根据现场水域环境进行定制，选择是否在水下挂网拦截；水域环境较为复杂时，也可增加高强度的水下钢丝网进行拦截，效果更加显著。

总的来看，漂浮物拦截需设计相应的工程设施，属于漂浮物治理的工程措施范畴。除取水口的拦污栅外，库区和河道的拦漂设施，由于其设计、实施与河道的水动力学特性及其漂浮物运移特性密切相关，工程应用并不普遍，且多数情况下需根据工程运行情况不断修正完善。

8.2.3 排漂技术

利用水库枢纽泄流建筑物排泄漂浮物，是水库排漂最常见的形式。溢流式电站汛期利用溢流堰排漂，非溢流电站是在靠近厂房设置的排漂孔向下游排放漂浮物，有的工程直接开启泄洪闸排漂，近年来有些工程为了减少排漂弃水量采用带舌瓣组合闸门排漂。

根据设计规范，大型水利枢纽设计有专用排漂孔，可将汇集于坝前的漂浮物排至下游。中小水库采用排漂措施后，漂浮物汇聚到下游更大型的水库或大江大河，由于汇聚时间较为集中，使得漂浮物的治理更加困难。因此，在大中型水库截留处理漂浮物也是源头治理措施之一。

8.2.4 漂浮物清理技术

根据库区漂浮物的特性，漂浮物清理技术主要有机械吊漂打捞、船只捞漂、打捞船、专业清漂船等。

1. 机械吊漂打捞

水库水面漂浮物主要集中在坝前静水区域，采取吊车吊运、人工辅助、机械车辆运输的方式将壅积于坝前打捞范围内的水面漂浮物打捞上岸。

2. 船只捞漂

通过购置船只，组建专业捞漂船队，对聚积在库区的漂浮物进行人工打捞作业，打捞后上岸集中再进行后续处理。例如陕西宝鸡峡林家村水库，该水库库区河道狭长多弯且水面较宽，配备2艘柴油动力铁制打捞船，彻底清除河道沿岸山坡、沟道、水面的漂浮物；辽宁大伙房水库库区漂浮物打捞利用推拖船拖拽拖网围住漂浮物，同时人工分拣动物尸体及非降解漂浮物装入驳船并运至清漂工作平台。

3. 打捞船

打捞船是常用的打捞漂浮物的措施。依据打捞漂浮物的作业特点及其需求，船上须配备相应机具，如具有挤压作用的抓具和吊机等，可提高作业效率。为防止船的螺旋桨受损，要求打捞船的螺旋桨具有保护性，如应用腹置螺旋桨喷水式浅水船，可保障打捞船安全作业。

4. 专业清漂船

从水库和河面漂浮物清理的角度来看，清污船应进行固液分离，在核心设计上与液液分离的清污船有很大的不同。目前用于清污用途的船型一般有单体船和双体船两种。

（1）双体船。甲板面积大，总宽度大，因而往往有更大的甲板面积和舱室容积，尤其适合于装载那些体积很大而重量不大的低密度货物，有较高的运输效率。

（2）单体船。单体船结构简单，便于结构分析与制造加工。

8.2.5 清漂船清漂施工技术

清漂船的基本原理是在船舶的船首处设置垃圾收集装置，在船舶航行前进的过程中，船首的垃圾收集装置将垃圾聚拢后，通过传送带将垃圾输送到船舶内部的垃圾储存舱，待垃圾储存舱存满漂浮物垃圾后，再通过船尾的输送带将垃圾输送至垃圾收集船或者岸上的垃圾收集装置，从而完成清除水上漂浮物垃圾的工作。

1. 清漂船的型式

在航行作业困难的水域，主要还是靠人工打捞。随着我国经济的进一步发展，对环境保护日益重视，机械化清漂船的种类日趋增多，按照漂浮物收集装置的不同又可分为斗式、自流式和传送带式3种类型。

（1）人工打捞清漂船。打捞漂浮物最原始的工具是捞斗与吊网，依靠人工用长柄捞斗将漂浮垃圾从水面打捞上来，在船舱铺设吊网，装满后将垃圾吊出。人工打捞劳动强度极大，据统计，强劳动力能打捞漂浮垃圾约 0.5t/d。

（2）斗式清漂船。国内最早的机械化清漂船是 1984 年 9 月研制的斗式漂浮物清漂船，在船上设置翻斗，进行机械打捞作业。该船为双体船型，总长 22.0m，水线长 20.0m，型宽 7.20m，型深 2.40m，吃水 1.40m，排水量 64t，航速 13km/h；采用可调螺距螺旋桨推进，设置液压起重机、液压翻斗装置、喷水造流装置等。就斗的形式而言有翻斗、抓斗等。目前翻斗式清漂船在全国各地仍有使用，主要为小型清漂船，其特点是造价便宜、使用方便，能少量打捞各种漂浮垃圾。

（3）自流式清漂船。自流式清漂船又称机动聚集筏，是在船上设置聚集箱进行机械打捞作业的一种船只。1997 年 10 月研制的“沪环机扫一号”是用于苏州河的小型清漂船，依靠船型及推进水流的作用使水面漂浮垃圾自动流入聚集箱内，因聚集箱能自由提升而取名为自流提升式清漂船。

该船具有不对称双体船型、双体单推、舷外冷却、液压升降等 4 个技术特点，实现了收集和打捞水面漂浮垃圾的方式由被动形式转变为主动形式，由人工打捞转变为机械作业，人均清扫效率比人工打捞效率提高约 6 倍，劳动强度也大幅降低。

（4）传送带式清漂船。2005—2006 年研制的三峡坝区 300m 综合式清漂船是目前国内最大型、设备最完整的传送带式清漂船，清漂能力 600m^3/d。该船推进系统采用 2 台可翻式 Z 形推进装置。该船清扫机械由 6 个子系统组成，分别如下：

1）清漂装置子系统。由 3 条金属网格式传送带组成，用于收集清扫垃圾。

2）侧向输出子系统。

3）推漂装置子系统。由金属框架、液压系统等组成，用于推漂。

4）水炮冲洗子系统。由水炮等组成，用于垃圾冲洗。

5）起重机子系统。用于清除大型漂浮物。

6）扒漂长臂子系统。

该船为不对称片体双体船型，总长 49m，水线长 48.0m，型宽 15m，型深 3.50m，吃水 2.20m，排水量 700t，航速 18km/h。

2. 清漂船作业模式及选型

漂浮物清漂船作业模式分为前收进舱模式、前收前卸模式、前收后卸模式、前收侧卸模式 4 种。对于自流式清漂船和斗式清漂船主要采用前收进入作业模式；对于传送带式清漂船，则 4 种作业模式均有采用。

（1）传送带式清漂船及作业模式的选择。传送带式清漂船选择条件为：①清扫大量漂浮物，要求清扫效率高，连续作业的情况；②对配套船只依赖性较小，可以和任何型式的运输船配套，也可直接卸至漂浮物收集码头。

传送带式清漂船的作业模式选型原则为：前收进入模式适用于单船作业，小型清漂船本身无卸出能力的场合；前收前卸模式适用于所有作业场合；前收后卸模式是最常用的作业模式，适用于单船作业，漂浮物收满后可直接卸至其他船只或码头；前收侧卸模式适用于收集大量漂浮物的场合，需有其他运输船只配合作业。传送带式清漂船作业模式如图 8－7 所示。

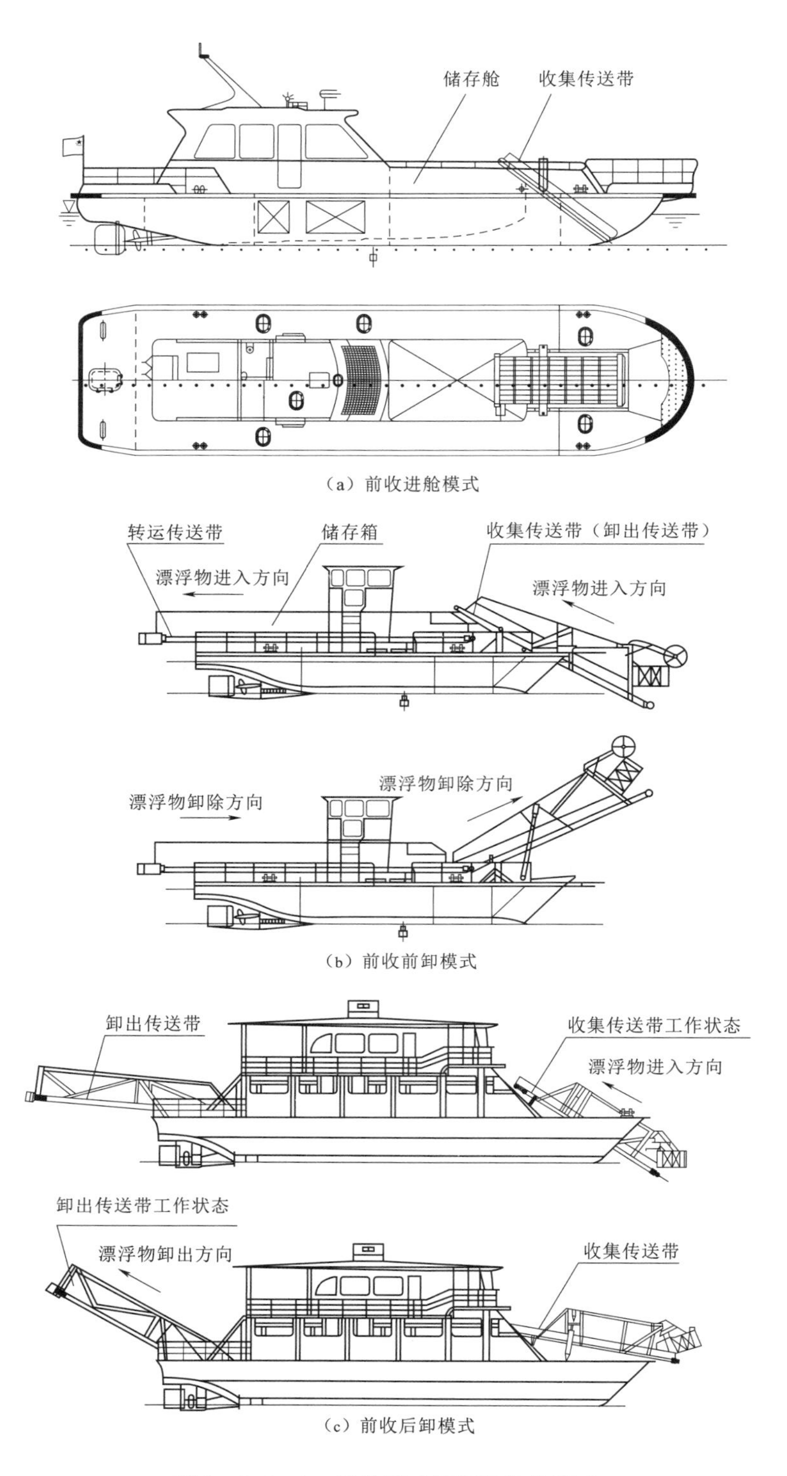

图 8-7（一） 传送带式清漂船作业模式

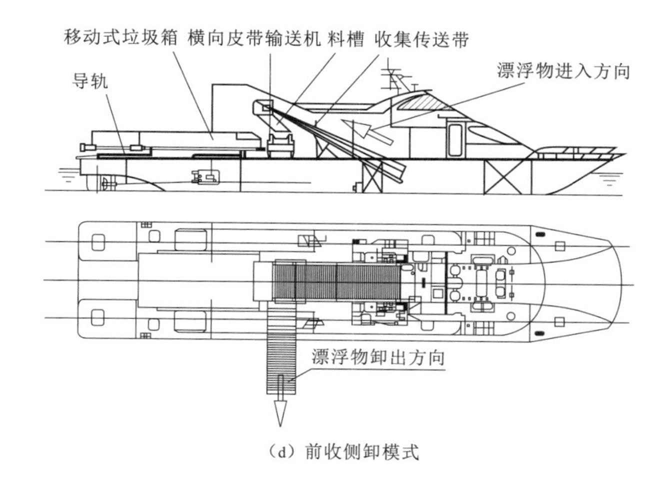

(d) 前收侧卸模式

图 8-7（二） 传送带式清漂船作业模式

(2) 斗式清漂船及作业模式的选择。斗式清漂船有翻斗式、抓斗式两种，每种又可分为机械式和液压式，通常为前收进舱作业模式。斗式清漂船选择条件为：①清扫零星漂浮垃圾；②船上设置舱（柜）能独立作业；③对于一般漂浮物可采用翻斗清扫，对大件漂浮物或树枝等可采用抓斗清扫。翻斗式清漂船和抓斗式清漂船前收进入模式分别如图 8-8、图 8-9 所示。

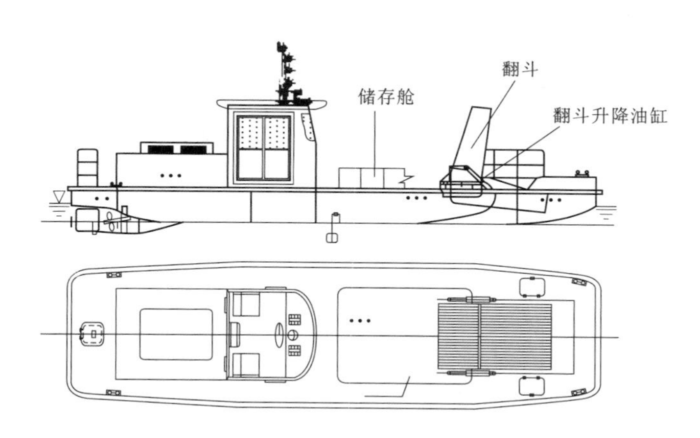

图 8-8 翻斗式清漂船（前收进入模式）

(3) 自流式清漂船及作业模式的选择。自流式清漂船的聚集箱有带升降装置和不带升降装置两种，通常为前收进舱作业模式如图 8-10 和图 8-11 所示。

自流式清漂船选择条件为：①清扫大量漂浮物的情况，不能连续作业；②卸出地点带起吊设备的情况可采用不带升降装置的自流式清漂船；③当有配合船只，要求高效的情况，可采用带升降装置的自流式清漂船。

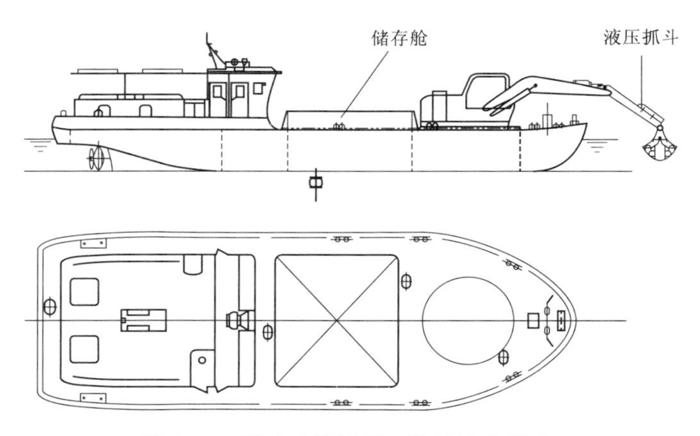

图 8-9　抓斗式清漂船（前收进入模式）

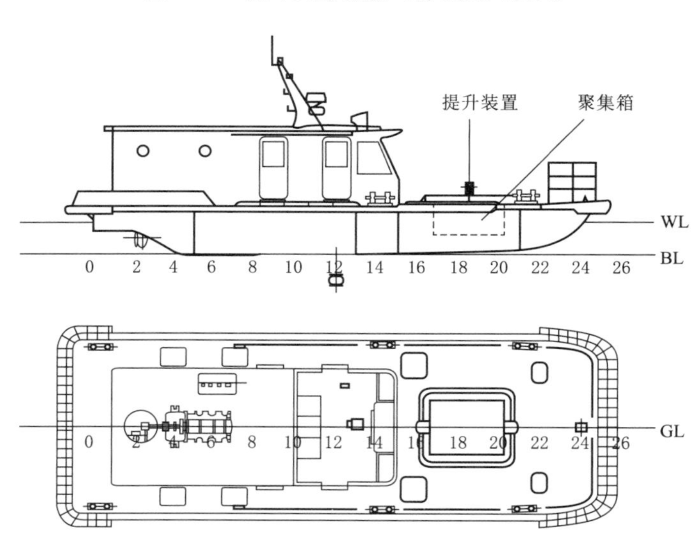

图 8-10　带升降装置自流式清漂船（前收进入模式）

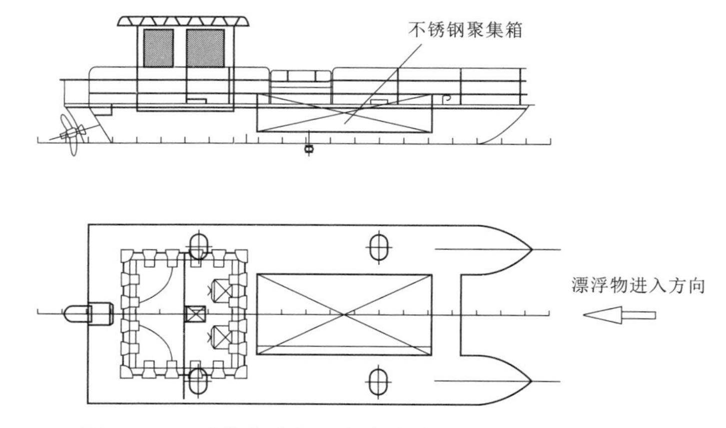

图 8-11　不带升降装置自流式清漂船（前收进入模式）

8.2.6 现场应用

在实际施工过程中根据施工水域的特点确定采用以下施工工艺：施工勘探—确定施工范围—设置拦污装置—清淤施工—漂浮物处理。采用落地式拦污装置，在作业范围外形成封闭式围挡，可以有效阻断污染扩散，形成水下封闭式作业环境，把污染控制在一定范围内，避免水下、水上的二次污染超出可控范围。上述作业方案清淤施工作业方案示意图如图 8-12 所示。

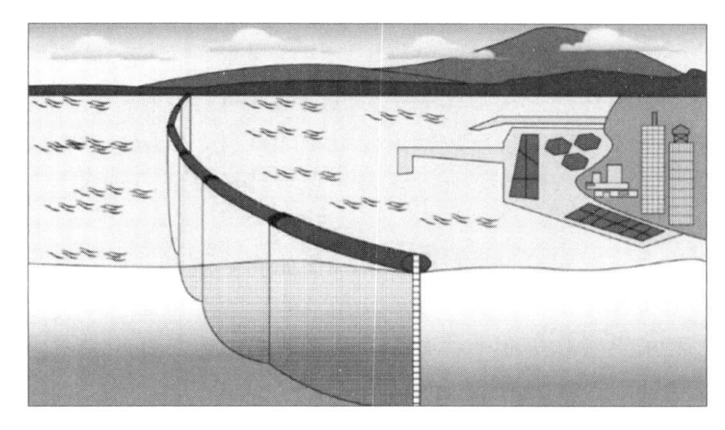

图 8-12 清淤施工作业方案示意图

清漂拦污屏结构示意图如图 8-13 所示。拦污屏结构采用充气漂浮式浮体，帆布围挡，铸钢配重，形成拦污屏结构，经过产品试制和现场试验，表明拦污屏结构效用良好。

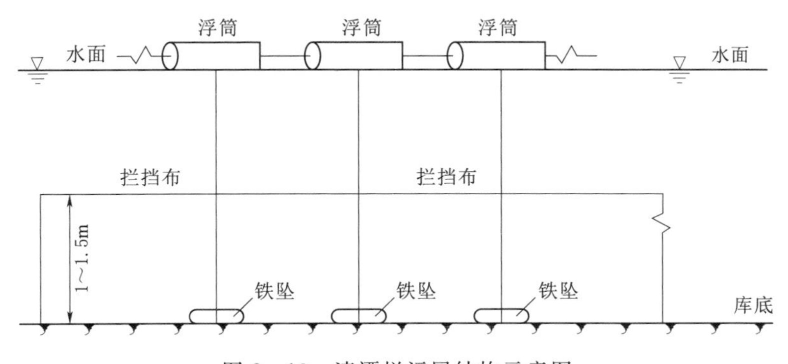

图 8-13 清漂拦污屏结构示意图

在实际水库清淤施工过程中采取多重保护措施，有效降低清淤作业对周围水质的影响，保障水库安全供水。根据水库清淤的现场作业情况形成全面的清淤过程技术保障措施，主要如下：

1. 组织保障措施

(1) 建立试验作业小组，作业小组必须把水上实验作业安全作为工作的重中之重，严格执行水上实验作业有关管理规定，各水上实验作业平台及作业点均应由专人负责安全，积极配合项目部安质部门，形成二级安全管理网络，形成全面的安全管理体系，层层落实安全措施，强化安全管理。

（2）保持与地方政府和海事、气象等行政、行业管理部门及监理、业主的定期联系和沟通，及时获得水上实验安全的有关政策、法律和信息，及时通报实验进度和实验要求，以得到各方面的支持和配合。

2. 管理保障措施

建立安全准入—安全监察—教育培训—考核评估的全程监管制度，并建立相应的安全管理档案。

（1）安全准入。水上实验作业平台投入作业前，应对适航状况、资源配备等情况进行认真检查，有必要时报请海事主管机关对水上实验作业平台进行查验和审核。

（2）安全检查。每周对水上实验作业平台安全情况进行自检，并配合相关部门、海事部门对水上实验作业平台进行监察，包括安全设备和器材、消防、救生等安全制度执行情况，各类安全管理台账及违章事故记录等。每半年申请海事部门对水上实验作业平台进行一次安全检查。

（3）安全教育培训。定期组织进行水上实验作业安全教育培训，并根据水上实验作业实际情况，组织水上实验作业平台单位开展现场经验交流和应急预案演练。邀请海事、气象等各方面专家，对水上实验作业平台有关人员进行专门安全知识教育、培训。

（4）安全考核评估。

实验期间应配备警戒船，日夜维持安全作业区的水上交通安全。

3. 经济保障措施

按照公司管理规定，足额投入安全经费，购买安全物资，确保实验安全进行。

4. 技术保障措施

（1）设置合理的清淤作业面顺序。

（2）根据清淤施工工艺，合理设计水面漂浮物清漂工艺流程。

（3）依据漂浮物清漂工艺流程在施工区域合理布置拦污围挡。

（4）合理控制作业强度。

（5）备用措施：其他清淤机械防护措施和污染防控手段。

环保清淤围挡技术应用实例如图 8-14 和图 8-15 所示，清漂拦污屏施工围挡技术水面上设浮筒，下面挂铁坠，铁坠沉至库底，在库底 1～1.5m 的高度范围内加土工布围挡，

图 8-14 环保清淤围挡技术应用（一）

遮挡因为清淤而形成的悬浮泥沙，确保清淤施工过程中悬浮泥沙不扩散。

图 8-15　环保清淤围挡技术应用（二）

水库清漂船是为库区漂浮物清理设计建造的专业装备，全自动清漂船主要用来收集打捞树枝、树木及各类水面漂浮垃圾，同时将收集的垃圾自动卸载到指定的装载船、岸上码头等相应设备上。前收前卸式全自动清漂船将前收集舱安装在船首，可自由调节收集舱的入水深度，顺利地对漂浮物进行打捞。该类清漂船具有收集范围广、灵活、抗风能力强等优点。采用前收前卸式全自动清漂船可以大大提高工作效率，实现操作安全简便、全自动。水库清漂船如图 8-16 所示。

图 8-16　水库清漂船

8.3　小　　结

通过清淤船对水库展开清淤施工使水库恢复设计功能，提高水库有效库容，促进城市对水库在供水、防洪、发电等方面的综合开发利用，达到水库可持续利用、延长使用寿命，确保防洪运行、供水安全的目的。本章分别对库区库底底泥环保处理和水面漂浮物处理进行介绍，得出如下结论：

（1）水库清淤过程中利用固化技术环保处理库底淤泥是对资源的合理利用，具有较高的经济性。

（2）结合工程实际情况的物理方法和化学方法在清淤库区底泥处置尾水处理中完全可行，效果良好，符合环保技术要求。

（3）在拦漂、截漂、排漂技术实现方面，其本身是水库运行的必备技术措施，结合水库自身特点，研发完善的拦漂、截漂技术是处理水面漂浮物的重要手段。

（4）根据水库规模合理选择专业清漂船对水库漂浮物进行清理是水库健康运行的重要手段。

参 考 文 献

[1] 胡斌．加强水利机械清淤的技术研究［J］．河南水利与南水北调，2007（10）：41.

[2] 刘晓杰，化晓峰，陈伟，等．新型渠道清淤技术与设备研究［J］．南水北调与水利科技，2013，11（5）：189-192.

[3] 郑立大．环保清淤船自动控制及精确定位系统［J］．产品与技术，2013（8）：90-92.

[4] 刘柱．船舶喷水推进研究综述［J］．船舶工程，2006（4）：49-52.

[5] 刘柱．几种船舶推进系统的比较［J］．青岛远洋船员学院学报，2003（3）：40-44.

[6] 卞根发，陆旭成，卞玺，等．新颖的渔轮主机电脑智能检测系统［J］．船电技术，2006（1）：26-28.

[7] 李贵．模块化造船技术的应用［J］．广东造船，2017，36（2）：53-55.

[8] 封岳．模块化技术在船舶建造中的发展趋势及应用［J］．中国设备工程，2018（16）：183-184.

[9] 刘子豪，赵川，王晶．数字化造船技术的最新发展［J］．中国船检，2018（10）：82-85.

[10] 许明华．基于CAN总线的船舶自动化系统研究与设计．中国造船，2012，53（2）：185-190.

[11] 覃干景．500m³水库环保疏浚船模块化结构设计［J］．船舶工程，2019，41（S2）：171-175.

[12] 王正兴．大型绞吸式挖泥船疏浚设备轴系设计关键技术研究［J］．船舶工程，2015，37（8）：34-38.

[13] 尚宏琦．工程清淤船喷射推进动力系统研究［J］．机械开发，2000（4）：57-59.

[14] 庄海飞．基于CFD和模型试验的水下泥泵优化设计研究［J］．中国农村水利水电，2015（10）：130-132.

[15] 郑尔辉．绞吸式挖泥船绞刀齿复合铸造工艺［J］．黑龙江科技信息，2016（25）：57-58.

[16] 曾德英．绞吸挖泥船用泥泵特性分析［J］．科技与企业，2015（21）：240-241.

[17] 李金峰．泥泵驱动方式、齿轮箱配置及负荷控制对泥泵特性的影响［J］．水运工程，2020（S1）：58-61.

[18] 徐德阳．疏浚设备自动化技术的现状和发展［J］．水利电力施工机械，1988（4）：36-40.

[19] 林海波．疏浚系统耐磨材料的应用研究［J］．船舶与海洋工程，2012（4）：60-62.

[20] 冯沛洪．新建6500m³耙吸挖泥船疏浚系统技术研究［J］．中国港湾建设，2019，39（1）：67-70.

[21] 高扬，孙科，谭一军，等．多种疏浚淤泥脱水技术的典型应用及分析［J］．江苏水利，2019（9）：51-54.

[22] 黄朝煊．淤泥固化技术在深厚淤泥地基处理中的应用［J］．水力发电，2019，45（7）：85-89.

[23] 黄伟，汪贵成．城市江河湖泊生态清淤及泥沙固化施工关键技术研究与应用［J］．中国水能及电气化，2021（12）：38-40，45.

[24] 李耀辉，朱双良．大中型水库库区漂浮物治理思考［J］．云南水力发电，2017，33（3）：153-156.